高等学校计算机基础教育课程"十二五"规划教材·卓越系列

Java 语言程序设计
例题解析与实验指导
（第三版）

李尊朝　李昕怡　苏　军　编著

中国铁道出版社
CHINA RAILWAY PUBLISHING HOUSE

内 容 简 介

本书是《Java 语言程序设计（第三版）》（李尊朝 苏军 编著，中国铁道出版社出版）的配套教材，由三部分组成。第一部分典型例题解析和课后习题解答是典型例题和《Java 语言程序设计（第三版）》一书中全部课后习题的详细分析、解答、程序及上机运行结果；第二部分上机实验及各实验程序代码是精心设计的 16 个实验及相应的程序代码，分别对应主教材中的各章内容；第三部分综合实例包括两个具有较高综合性的编程实例；附录部分介绍功能强大的 JBuilder 集成开发环境。

本书层次清晰，注重实用，可作为高校本、专科学生 Java 语言程序设计课程的教学辅导书，也可供编程爱好者使用。

图书在版编目（CIP）数据

Java 语言程序设计例题解析与实验指导 / 李尊朝，李昕怡，苏军编著.—3 版.—北京：中国铁道出版社，2013.6（2018.1重印）
高等学校计算机基础教育课程"十二五"规划教材.
卓越系列
ISBN 978-7-113-16462-1

Ⅰ．①J… Ⅱ．①李… ②李… ③苏… Ⅲ．①JAVA 语言－程序设计－高等学校－教学参考资料 Ⅳ．①TP312

中国版本图书馆 CIP 数据核字（2013）第 087247 号

书　　名：Java 语言程序设计例题解析与实验指导（第三版）
作　　者：李尊朝　李昕怡　苏　军　编著

策　　划：孟　欣
责任编辑：孟　欣
编辑助理：赵　迎
封面设计：刘　颖
封面制作：白　雪
责任印制：李　佳

出版发行：中国铁道出版社（100054，北京市西城区右安门西街 8 号）
网　　址：http://www.tdpress.com/51eds/
印　　刷：三河市宏盛印务有限公司
版　　次：2004 年 11 月第 1 版　2008 年 2 月第 2 版　2013 年 6 月第 3 版　2018 年 1 月第 4 次印刷
开　　本：787mm×1092mm　1/16　印张：14.5　字数：349 千
印　　数：6501~7700 册
书　　号：ISBN 978-7-113-16462-1
定　　价：30.00 元

本书是为《Java 语言程序设计（第三版）》（李尊朝 苏军编著，中国铁道出版社出版，已被教育部评为**普通高等教育"十一五"国家级规划教材，获西安交通大学优秀教材奖**，被数百所高校选作教材）编写的配套教学辅导书。本书第三版保留了前两版的基本宗旨和风格，特别注重实用性、易读性；显著加深了网络编程知识，以顺应网络时代对编程人员技能的要求；增改了部分例题、习题和实验，更便于读者理解面向对象的编程知识，提高编程能力。

本书内容包括典型例题解析和课后习题解答、上机实验及各实验程序代码和综合实例：

（1）典型例题是对《Java 语言程序设计（第三版）》一书实例的进一步补充和提升，为完成课后习题提供了有益铺垫。每个例题都给出了较详细的分析、解答或程序及上机运行结果。

（2）课后习题解答部分给出《Java 语言程序设计（第三版）》一书所有习题的详细分析、解答或程序及上机运行结果。为了方便用户阅读程序，加深对程序的理解，本书在给出例题和习题上机运行结果时，将用户通过键盘输入的信息用下画线进行标记，使其与程序的输出信息严格区分。

（3）上机实验部分提供了精心设计的 16 个实验及其源程序，每个实验对应主教材每章内容，需要 2~4 个实验学时。为了方便不同背景和实验学时的教学使用，大部分实验由数个具有一定独立性的子实验组成。教学过程中，教师可以根据实际情况进行适当组配。

（4）综合实例部分提供了两个具有较高综合性、涉及全书大部分内容的编程实例，是对学生综合编程能力的进一步训练和提升，为日后开发大型应用系统提供铺垫。

（5）附录部分介绍具有强大功能和众多用户的 Java 集成开发环境 JBuilder。JBuilder 是一个功能强大、容易使用的 Java 可视化集成开发环境，非常适合开发大型应用系统。

编者根据近几年的教学和软件开发经验，结合任课教师和读者的反馈，对本书的例题、习题和实验再次进行了精心设计，更突出实用性、易读性和编程能力培养，所有例题和习题都配有编程思想的详细分析，阅读教材就像听教师讲课一样清晰明了。

本书及《Java 语言程序设计（第三版）》中所有程序代码都通过了上机测试，编者备有所有程序代码的电子版，需要的读者可通过 http://www.51eds.com 下载。

本书由李尊朝、李昕怡和苏军编著，李尊朝设计了全书结构，并做了最后的统稿工作。饶元、曹博、石建华、代海涛、蔺礼强和毛崎等参与了资料收集，进行了大量的程序调试工作，编者深表谢意。本书在编写和出版过程中得到了西安交通大学领导、中国铁道出版社编辑的大力支持和帮助，在此表示感谢。

尽管书稿几经修改，但难免存在疏漏和不妥之处，恳请业界同仁及读者朋友提出宝贵意见，以便再版修订时进一步完善。

编 者
2013 年 5 月

第二版前言 ○────────── *FOREWORD*

　　程序设计是一门实践性很强的课程，如果脱离了实践，不可能取得实效。习题和上机实验是程序设计课程非常重要的实践环节。但对于初学者而言，要编写出较优的程序并顺利通过编译及正确运行是有一定难度的。笔者在多年的程序设计课程教学中也深感习题解答和实验指导书的重要性，为此特编写了本《Java 语言程序设计例题解析与实验指导》。

　　本书是为《Java 语言程序设计（第二版）》（李尊朝 苏军编写，中国铁道出版社出版，获西安交通大学 2007 年优秀教材奖）编写的配套教材，内容由 3 部分组成。第一篇是"典型例题解析和课后习题解答"，其中的"典型例题"是对《Java 语言程序设计（第二版）》一书中例题的补充，并对解答课后习题做进一步的铺垫，每个例题都给出了详细的分析和解答（或程序代码），并对编程例题给出了上机运行结果；"课后习题解答"是对《Java 语言程序设计（第二版）》一书中每章后面全部习题的解答，包括题目、详细的分析和解答（或程序代码），并对编程习题给出了上机运行结果。需要强调的是，编程题目的解答不是唯一的，读者可以参照本书或其他参考书的内容得出自己更全面的解答，并上机检验自己的答案。为了方便用户阅读程序和对程序的深入理解，本书在给出例题和习题上机运行结果时，将用户通过键盘输入的信息用下画线进行标记，使其与程序的输出信息严格区分。第二篇是"上机实验"，是编者为每章精心设计的实验内容及对应的程序代码。总共 16 个实验，每章对应一个实验，每个实验需要 2～4 个实验学时。为了方便不同背景和实验学时的学生使用，大部分实验由数个有一定独立性的子实验组成，教学过程中，教师可以根据实际情况进行适当的裁剪。第三篇是"综合实例"，由两个具有较高综合性、涉及全书大部分内容的编程实例组成。该部分是对学生综合编程能力的进一步训练和提高，为日后开发大型应用系统做铺垫。附录部分介绍具有强大功能和众多用户的集成开发环境 JBuilder。JBuilder 是一个功能强大、容易使用、开发速度很快的 Java 可视化集成开发环境，非常适合于开发大型应用系统。

　　本书是一本教学参考书，所有的例题、习题和实验都遵从由浅入深、循序渐进的原则，基本覆盖了 Java 程序设计的主要内容。希望读者能体会到例题、习题、实验和综合实例所蕴涵的程序设计概念和编程技术，并思考如何将这些概念和技术应用到实际问题中。

　　本书及《Java 语言程序设计（第二版）》中所有程序代码都通过了上机测试，编者备有所有程序代码的电子版，需要的读者可免费索取。

　　参加本书编写的有李尊朝、苏军和饶元，李尊朝设计了全书结构，并做了最后的统稿工作。曹博、石建华、代海涛、蔺礼强和毛崎参与了资料收集，进行了大量的程序调试工作，编者深表谢意。本书在编写和出版过程中得到了西安交通大学领导、铁道出版社领导、秦绪好和崔晓静编辑的大力支持和帮助，在此表示感谢。

　　由于编者水平有限，书中难免有错误和疏漏之处，望广大读者和同行专家批评指正。

编　者

2007 年 7 月

程序设计是一门实践性很强的课程，如果脱离了实践，不可能取得实效。习题和上机实验是程序设计课程非常重要的实践环节。但对于初学者而言，要编写出较优的程序并顺利通过编译及正确运行是有一定难度的。笔者在多年的程序设计课程教学中也深感习题解答和实验指导书的重要性，为此特编写了这本《Java 语言程序设计例题解析与实验指导》。

本书是为《Java 语言程序设计》（李尊朝、苏军编写，中国铁道出版社出版）编写的配套教材，正文内容由三篇组成。第一篇是"典型例题解析和课后习题解答"，其中的"典型例题"是对《Java 语言程序设计》一书中例题的补充，并对解答课后习题做进一步的铺垫，每个例题都给出了较详细的分析和解答（或程序），并对编程例题给出了上机运行结果；"课后习题解答"是对《Java 语言程序设计》一书中每章后面全部习题的解答，包括题目、较详细的分析和解答（或程序），并对编程习题给出了上机运行结果。需要强调的是，编程题目的解答不是唯一的，读者可以参照本书或其他参考书的内容得出自己更全面的解答，并上机检验自己的答案。为了方便用户阅读程序和对程序的深入理解，本书在给出例题和习题上机运行结果时，将用户通过键盘输入的信息用下画线进行标记，使其与程序的输出信息严格区分。第二篇是"上机实验"，是编者为每章精心设计的实验内容。总共 16 个实验，每章对应一个实验，每个实验需要 2～4 个实验学时。为了方便不同背景和实验学时的学生使用，大部分实验由数个有一定独立性的子实验组成，教学过程中，教师可以根据实际情况进行适当的裁剪。第三篇是"综合实例"，由两个具有较高综合性、涉及全书大部分内容的编程实例组成。该部分是对学生综合编程能力的进一步训练和提高，为日后开发大型应用系统做铺垫。附录部分介绍具有强大功能和众多用户的集成开发环境 JBuilder。JBuilder 是一个功能强大、容易使用、开发速度很快的 Java 可视化集成开发环境，非常适合于开发应用系统。

本书是一本教学参考书，所有的例题、习题和实验都遵从由浅入深、循序渐进的原则，基本覆盖了 Java 程序设计的主要内容。希望读者能体会到例题、习题、实验和综合实例所蕴涵的程序设计概念和编程技术，并思考如何将这些概念和技术应用到实际问题中。

本书及《Java 语言程序设计》中所有程序代码都通过了上机测试，编者备有所有程序代码的电子版，需要的读者可免费索取。

参加本书编写的有李尊朝、苏军、徐颖强、曹博、石建华和代海涛，李尊朝设计了全书结构，并做了最后的统稿工作。本书在编写和出版过程中得到了西安交通大学领导、铁道出版社领导和秦绪好编辑的大力支持和帮助，在此表示感谢。

由于编者水平有限，书中难免有错误和疏漏之处，望广大读者和同行专家批评指正。

编 者

2004 年 10 月

目 录

第一部分　典型例题解析和课后习题解答

第二部分　上机实验及各实验程序代码

第三部分　综　合　实　例

第一部分 典型例题解析和课后习题解答

第 1 章 —— Java 语言概述

1.1 典型例题解析

【例 1-1】Java 程序平台无关性的实现原理是什么？

【答案】图 1-1 给出了 Java 程序从编写到运行的一般过程。

由图 1-1 中可以看出 Java 实现平台无关性的奥秘在于它的语言平台由分布在不同地点的两部分组成：

- 编译器：对源代码进行编译，产生与平台无关的字节码文件；
- 解释器：分布在网络中不同的操作系统平台上，对于字节码文件进行解释执行。

这些分布在不同平台上的解释器通常称为 Java 虚拟机。

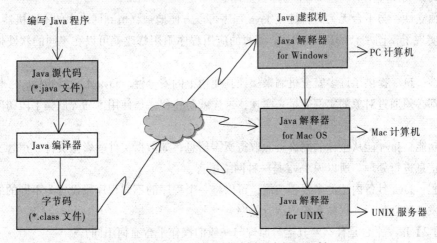

图 1-1　Java 程序的半编译和半解释机制

由于 Java 程序都在 Java 虚拟机上执行，而 Java 虚拟机的激活方式有两种，所以 Java 语言编写的程序分为相应的两大类：

- Java 程序，在本机上由 Java 解释程序来激活 Java 虚拟机；

● Java Applet，通过支持 Java 的浏览器或者 AppletViewer 来激活 Java 虚拟机。

【例 1-2】编写一个 Java 程序，输出字符串"Hello world!"。

【解析】Java 语言是完全的面向对象语言，所以要编写该 Java 程序，按照以下步骤进行：

第一步：建立类 public class MyFirstApplication。

第二步：建立程序入口 public static void main(String[] args)。

Java 程序必须有一个入口，即 main()方法。其中，args 数组用来给 main()方法传递参数。

第三步：调用方法 System.out.println()输出字符串。

【答案】程序代码如下：

```
//MyFirstApplication.java
public class MyFirstApplication
{ public static void main(String[] args)
  { System.out.println("Hello world!");
  }
}
```

【运行结果】

```
Hello world!
```

1.2　课后习题解答

【习题 1】Java 语言有哪些特点？

【答案】简单性：Java 语言使用起来非常简单，基本 Java 系统（编译器和解释器）所占空间不足 250 KB。Java 从 C++演变而来，保留了 C++的许多优点，去除了 C++中易产生错误的功能，简化了内存管理，减轻了程序员进行内存管理的负担。

面向对象：是 Java 最重要的特性，Java 语言的设计是完全面向对象的。Java 支持静态和动态风格的代码集成及重用。

平台独立性：与平台无关的特性使 Java 程序可以方便地被移植到网络中的不同机器上。Java 的类库也实现了不同平台的接口，Java 编写的应用程序不用修改就可以在不同的软硬件平台上运行。

安全性：Java 提供了许多安全机制来保证其使用上的安全性。Java 不支持指针，一切针对内存的访问都必须通过对象的实例变量来实现，这样就防止程序员使用木马等欺骗手段访问对象的私有成员。

网络功能：Java 能从全球的网络资源取得所需信息，如数据文件、影像文件、声音文件等，并对所得信息进行处理。所以说 Java 是一种网络语言。

多线程：Java 具备内建的多线程功能，可以将一个程序的不同程序段设置为不同的线程，使各线程并发、独立执行，提高系统的运行效率。

【习题 2】Java 平台是什么？其运行原理与一般的操作平台有何不同？

【答案】Java 源程序经过编译生成的字节码文件（.class 文件）不能直接运行，需要解释执行字节码的 Java 虚拟机 JVM（Java Virtual Machine）的支撑，所以 Java 源程序必须在安装了 JVM 的环境下才能运行。

Java 源程序经过编译后生成的字节码文件与具体的计算机无关，只要计算机安装了能解释执行字节码的 Java 虚拟机 JVM，就可以执行字节码文件，从而实现了 Java 平台的独立性。所以 Java 程序不受操作平台的限制，可以应用在各种计算机平台上。真正做到了一次开发，处处使用。

【习题3】何为字节码？采用字节码的最大好处是什么？

【答案】Java 源程序经过编译器编译，产生的代码称为字节码。字节码是不可执行的程序代码，它必须由 Java 虚拟机 JVM 解释执行。

当 Java 程序要在不同的系统上执行时，程序员不需要修改程序，只要使用不同的 JVM 即可运行，从而实现了 Java 的平台无关性。

【习题4】如何建立和运行 Java 程序？

【答案】首先，启动自己熟悉的文本编辑器（如 Windows 下的记事本、UltraEdit 编辑器等）编辑程序代码，并以.java 作为文件扩展名保存程序源代码；程序编辑完毕以后，进入 MS-DOS 命令行窗口，利用编译命令 javac 编译源程序，生成扩展名为.class 的字节码文件（类文件）；再利用 Java 命令运行字节码文件，得到程序的运行结果。

在集成开发环境如 JCreator、JBuilder 下，可以完成程序的编辑、编译、调试及运行等所有任务。

【习题5】编写并运行一个 Java 程序，使其输出：I like Java very much。

【解析】编写 Java 程序的首要工作就是要创建一个类（class），并且类的名称要和文件名称完全一样。其次，Java 程序一定要有 main( )方法。

【答案】程序代码如下：

```
//LikeJave.java
public class LikeJava
{ public static void main(String[] args)
   { System.out.println("I like Java very much!");
   }
}
```

【运行结果】

```
I like Java very much!
```

第 2 章　Java 语言基础

2.1　典型例题解析

【例 2-1】 设 int a=3、b=5、c=0，分析下列各表达式运算后，a、b、c 的值各为多少？

（1）c=b++*5/a++　　（2）c=a++ -(--b)　　（3）c=b++*a++　　（4）c=++a- b--

【解析】 a++ 和 ++a 使 a 的数值加 1，所以对于 a 来说都是相同的。然而，++ 位置的不同决定了不同的自加运算时间，对包含有 ++ 的复杂表达式有很大影响。++a 是先将 a 的数值加 1，然后使用这个已增加了数值的 a 来计算 ++a 所在的复杂表达式的值；a++ 则相反，先用原始的 a 数值来计算复杂表达式，然后再把 a 的数值加 1。

（1）"c=b++*5/a++" 中 b++*5，首先取出 b 的原始值 5 与 5 进行相乘，其积为 25，然后 b 再作 ++ 运算结果是 6；b++*5/a++ 是将 5*5 的结果 25 与 a 的原始值 3 进行整除，所得的结果 8 赋值给 c，最后 a 进行 ++ 运算，结果是 4；所以答案是 a=4、b=6、c=8。

（2）"c=a++ -(--b)" 中的 (--b)，首先取出 b 的原始值 5 进行 -- 运算，所得结果是 4；然后进行 a++ -(--b) 运算，取出 a 的原始值 3 与 (--b) 的计算结果 4 进行相减，所得结果 -1 赋给 c；最后 a 进行 ++ 计算结果是 4；所以答案是 a=4、b=4、c=-1。

（3）"c=b++*a++" 中，首先取出 b 的原始值 5 与 a 的原始值 3 进行相乘运算，将所得结果 15 赋值给 c；然后对 b 进行 ++ 运算，所得结果是 6；最后对 a 进行 ++ 运算，计算结果是 4；所以答案是 a=4、b=6、c=15。

（4）"c=++a-b--" 中，首先取出 a 的原始值 3 进行 ++ 运算，所得结果为 4；然后用 a 计算后得到的数值减去 b 的原始值 5，所得结果 -1 赋值给 c；最后 b 进行 -- 运算，计算结果是 4；所以答案是 a=4、b=4、c=-1。

本题重点是运算符的优先级别。

【答案】（1）a=4、b=6、c=8；（2）a=4、b=4、c=-1；（3）a=4、b=6、c=15；（4）a=4、b=4、c=-1。

【例 2-2】 设 int x=4，int y=5，int z=6，boolean f=true。写出下面各逻辑表达式的值。

（1）x+y>z && y= =x　　　（2）f ‖ y+z<x && z>y　　　（3）x-y>z && y>x

【解析】 运算符的优先级决定了表达式中不同运算执行的先后顺序。关系运算符的优先级高于逻辑运算符。例如：x>y && !z 相当于 (x>y) && (!z)。

（1）"x+y>z && y==x"中，首先计算 x+y>z 表达式，x+y=9 大于 z，所以结果是 true；然后计算 y==x 表达式，5 不等于 6，故结果是 false；最后计算表达式 x+y>z && y==x，则相当于 true && false，答案是 false。

（2）"f ‖ y+z<x&&z>y"中，首先计算 y+z<x 表达式，y+z=11 不小于 x，所以结果是 false；然后计算 z>y 表达式，结果是 true；最后计算表达式 f ‖ y+z<x && z>y，相当于 true ‖ false && true，答案是 true。

（3）与（1）和（2）相似，请读者自己认真完成。

本题重点是运算符的优先级别。

【答案】（1）false；（2）true；（3）false。

【例 2-3】举例说明 Java 转义符的应用方法。

【答案】反斜杠（\）表示转义符，将其后的字符转变为另外的含义。例如：\t 表示水平制表符、\n 表示换行、\\表示反斜杠等，使用这些转义符可以使人们更好地控制输出格式。另外，由于某些符号是 Java 专用，如双引号（"）等，可以使用反斜杠将这些特殊字符作为一般字符来使用。

下面给出实例加以说明。

```
//Ellsworth.java
class Ellsworth
{   public static void main(String args[])
    { String line1="Pop-up code completion.\n";      //\n 表示换行
      String line2="\"Debugger Interface.\"";          //\"表示双引号(")
      String quote=line1+line2;                        //+是连接字符
      String title="Interface Implementation Tool.";
      String speaker="Custom document types.";
      String text="Bean properties tool.";
      System.out.println(quote);
      System.out.println('\u0C00'+title+'\u0C00');     //十六进制 Unicode 字符(?)
      System.out.println("\t"+speaker);                //\t 表示水平制表符
      System.out.println("\t"+text);
    }
}
```

【运行结果】

```
Pop-up code completion.
"Debugger Interface."
?Interface Implementation Tool.?
        Custom document types.
        Bean properties tool.
```

【例 2-4】编写应用变量的程序。

【答案】要使用 Java 语言进行编程，首先要熟悉 Java 变量的类型，并且学会对具体问题选择合适类型的变量。Java 的基本数据类型有：整型、实型、字符型及布尔型；根据表示范围的不同，整型和实型还有更具体的分类。下面给出具体实例。

注意：Java 语言是区分大小写的，在编写程序时一定要注意。

```
//VaribleDemo.java
public class VaribleDemo
{ public static void main(String args[])
```

```
{ int nIntegerValue=10;                          //int 型变量
  double dDoubleValue=3.14;                       //double 型变量
  char cCharValue='a';                            //char 型变量
  boolean bBoolean=false;                         //boolean 型变量
  System.out.println("整型变量: "+nIntegerValue);
  System.out.println("双精度变量: "+dDoubleValue);
  System.out.println("字符变量: "+cCharValue);
  }
}
```

【运行结果】

整型变量: 10
双精度变量: 3.14
字符变量: a

【例 2-5】编写一个 Java 程序，接收命令行输入的浮点数，将此浮点数的整数部分输出。

【解析】运行程序时，可以从命令行给程序输入数据。程序通过 args[0]、args[1] 等参数接收所输入的数据，但 args[0]、args[1] 等按照 String 型接收所输入的数据，可以根据需要将其转换成其他类型数据。

本例中，命令行只输入一个浮点数，通过 args[0] 接收。利用 s=args[0] 将所输入的数据赋给 String 型变量 s 中，通过 d=Double.parseDouble(s) 将所输入的数据转换成 double 型，并赋给 double 型变量 d；利用 (long)d 取出输入数据中的整数部分。

【答案】程序代码如下：

```
public class FloatDemo
{ public static void main(String args[])
  { String s;
    double d;
    s=args[0];                              //将命令行输入的数据赋给 String 型变量 s
    d=Double.parseDouble(s);                //把 String 型转化为 double 型
    System.out.println(d+"的整数部分为"+(long)d); //取出浮点数的整数部分
  }
}
```

【运行结果】

```
java FloatDemo 96.665
96.665 的整数部分为 96
```

注意：java FloatDemo 96.665 的下画线表示此部分为键盘输入内容，没有下画线部分为计算机输出内容。本书其他地方类同，不再赘述。

2.2 课后习题解答

【习题 1】Java 语言对于标识符有哪些规定？下面标识符中，哪些是合法的？哪些是不合法的？

（1）int char;   （2）char 0ax_li;   （3）float fLu1;

（4）byte Cy%ty=12345;   （5）double Dou_St;   （6）String (key);

（7）long $123=123456L;

【解析】Java 语言规定标识符由字母、数字、下画线和美元符号，并且第一个字符不能是数字。标识符区分大小写，标识符长度不限，但是实际命名时不宜过长；

标识符不能与关键字同名。

【答案】以上标识符正确的有（3）、（5）、（7）；错误的有（1）、（2）、（4）、（6）。

【习题2】为什么要为程序添加注释？在 Java 程序中，如何添加注释？

【答案】为了使程序容易理解，需要添加适当的说明，以解释程序的功能、变量的含义或其他信息，增加程序的可读性，这种说明称为注释。注释在编译时被编译器忽略。

在 Java 语言中，可以按照以下方式给程序添加注释：

单行注释：单行注释又称双斜杠注释，即在注释内容前加一个双斜杠 "//"，表示从 "//" 开始到本行结束都是注释内容。

多行注释：注释内容以 "/*" 开始，以 "*/" 结束。"/*" 和 "*/" 必须成对出现，"/*" 和 "*/" 之间的内容都是注释。

【习题3】下面哪些是常量？是什么类型的常量？

true、-66、042、N、'//'、0L、0xa1、"//"、s

【答案】常量有：

整型常量：-66、042、0L、0xa1。

布尔型常量：true。

字符串常量："//"。

【习题4】什么是变量？变量名与变量值有什么区别？

【答案】变量：变量指在程序运行过程中其值可以改变的量。

区别：变量包含两个含义，其一是变量名，是用户为变量定义的标识符；其二是赋给变量的值，它存放在以变量标识符作为标记的存储位置。所以，变量名是用户定义的一个标识符，而变量的值是存储在系统中的值。

【习题5】已知 x=5，y=9，f=true，计算下列各式中变量 z 的值。

（1）z= y*x++　　　（2）z=x>y&&f　　　（3）z=((y++)+x)　　　（4）z=y+x++

（5）z=~x　　　（6）z=x<y||!f　　　（7）z= x^y

【答案】（1）45；　　（2）false；　　　（3）14；　　　（4）14；

（5）-6；　　　（6）true；　　　（7）12。

【习题6】下列哪些表达式的值恒为 true？

（1）a<5　　　（2）x==y　　　（3）4>2　　　（4）'a'=='a'　　　（5）x!='x'

【答案】只有表达式（3）和（4）的值恒为 true。

【习题7】计算下列表达式的值。

（1）6+4<10+5　　　　　（2）4%4+4*4+4/4　　　　　（3）(2+1)*2+12/4+5

（4）7>0&&6<6&&12<13　　（5）7+7<15　　　　　　（6）12+5>3||12-5<7

【答案】（1）true；　　（2）17；　　（3）14；　　（4）false；　　（5）true；　　（6）true。

【习题8】编写将摄氏温度转换为华氏温度的程序。其转换公式是：华氏温度 =(9/5)×摄氏温度+32。

【解析】第一步：通过命令行输入摄氏温度；

第二步：使用题目中给出的公式，计算华氏温度；

第三步：输出结果。

【答案】程序代码如下：

```
public class Convert
{ public static void main(String args[])
  { float celsius,Fahrenheit;
    celsius=Float.parseFloat(args[0]);          //把输入的数据转换为 float 型
    fahrenheit=9*celsius/5+32;                   //公式计算
    System.out.println("华氏温度为: "+fahrenheit);  //输出结果
  }
}
```

【习题 9】已知圆球体积为 $4\pi r^3/3$，编程计算并输出圆球的体积（能输入圆球半径）。

【解析】第一步：通过命令行输入圆球半径；

第二步：使用公式 $4\pi r^3/3$，计算圆球体积；

第三步：输出结果。

【答案】程序代码如下：

```
public class Sphere
{ public static void main(String args[])
  { double r=0,v=0;
    r=Double.parseDouble(args[0]);
    v=4*3.1415/3*r*r*r;
    System.out.println("圆球体积为: "+v);
  }
}
```

第 3 章　基本控制结构

3.1　典型例题解析

【例 3-1】编写一个 Java 程序，接收用户输入的 1～12 之间的整数，利用 switch 语句输出该数字对应月份所拥有的天数。

【解析】利用参数 args[0]，以字符串类型通过命令行接收一个整数。通过 Integer.parseInt(args[0]) 将所输入的整数转换成 int 类型，并存放于 int 型变量 i 中。利用分支语句 switch，根据 i 的值，输出相应月份所拥有的天数。

switch 语句根据 i 的值在多个 case 分支中选择一个来执行，执行完一个分支后，通过 break 跳出 switch 语句。

【答案】程序代码如下：

```
//Month.java
public class Month
{ public static void main(String args[])
  { int i=Integer.parseInt(args[0]);        //把输入的字符串转化为整数
    switch(i)
    { case 1: System.out.println("一月份有 31 天。");break;    //跳出 switch
      case 2: System.out.println("二月份有 28 或者 29 天。");break;
      case 3: System.out.println("三月份有 31 天。");break;
      case 4: System.out.println("四月份有 30 天。");break;
      case 5: System.out.println("五月份有 31 天。");break;
      case 6: System.out.println("六月份有 30 天。");break;
      case 7: System.out.println("七月份有 31 天。");break;
      case 8: System.out.println("八月份有 31 天。");break;
      case 9: System.out.println("九月份有 30 天。");break;
      case 10: System.out.println("十月份有 31 天。");break;
      case 11: System.out.println("十一月份有 30 天。");break;
      case 12: System.out.println("十二月份有 31 天。");
    }
  }
}
```

【运行结果】
```
java Month 5
五月份有 31 天。
```

【例 3-2】编程输出用户指定数据的所有素数因子。

【解析】素数是只能被 1 和自身整除的数。程序中求 value 的素数因子的基本思想是：按照 i 从 2 到 value 的顺序，输出 value 的因子 i；每输出一个因子 i，就将 value 中所有 i 因子除去，从而保证输出的因子 i 都是素数。

【答案】程序代码如下：

```java
class Prime
{ public static void main(String args[])
  { long value=0;
    int i;
    value=Long.parseLong(args[0]);              //把命令行输入的字符串转化为整数
    System.out.println("这个数的所有素数因子为");
    for(i=2;i<=value;i++)
    {   if(value%i==0)                          //判断 value 的值能否被 i 整除
      {   System.out.print(i+" ");
          while(value%i==0)
             value=value/i;                     //去除所有 i 因子
      }
    }
  }
}
```

【运行结果】

java Prime 18
这个数的所有素数因子为
        2   3

【例 3-3】一个数如果恰好等于它的因子之和，这个数就称为"完数"。例如，6 的因子为 1，2，3，而 6=1+2+3，因此 6 就是完数。编程找出 100 以内的所有完数。

【解析】要判断一个数是否是完数，首先要求这个数的所有因子，接着求所有因子之和，再将所有因子的和与该数比较，如果所有因子之和与该数相等，则它是完数，否则不是完数。要求 100 以内的所有完数，需要使用循环。

【答案】程序代码如下：

```java
//CompleteNumber.java
public class CompleteNumber
{ public static void main(String args[])
  { int i,j,sum;
    for(i=1;i<=100;i++)                         //在 1~100 内循环，找出所有完数
    {  sum=0;
       for(j=1;j<i;j++)
         if(i%j==0)                             //找所有因子
           sum=sum+j;                           //求所有因子的和
       if(i==sum)                               //如果数字和其因子之和相等，则输出该数
         System.out.print(i+" ");
    }
  }
}
```

【运行结果】

6   28

【例 3-4】编写一个 Java 程序，用穷举法找出 2～50 之间的素数。

【解析】素数是只能被 1 和自身整除的自然数。判断整数 i 是否是素数的算法是：如果在 2～ i/2 之间存在某个数 j，使 i 能被 j 整除，则 i 不是素数，否则 i 是素数。

要找出 2～50 之间的素数，通过循环使 i 在 2～50 之间变化。

【答案】程序代码如下：

```java
//PrimeNumber.java
public class PrimeNumber
{ public static void main(String args[])
  { int i,j,k;
    boolean flag;
    for(i=2;i<=50;i++)
    {  flag=true;
       k=i/2;
       for(j=2;j<=k;j++)
       {   if(i%j==0)          //如果 i 可以被 2~i/2 之间的某数 j 整除，则 i 不是素数
           {  flag=false;
              break;
           }
       }
       if(flag) System.out.print(i+" ");
    }
  }
}
```

【运行结果】

2 3 5 7 11 13 17 19 23 29 31 37 41 43 47

3.2 课后习题解答

【习题 1】下面是一个 switch 语句，利用 if 嵌套完成相同的功能。

```java
switch(grade)
{ case 7:
  case 6:a=11;
         b=22;
         break;
  case 5:a=33;
         b=44;
         break;
  default:aa=55;
          break;
}
```

【解析】分析以上 switch 语句，可以看出：case 7 分支没有 break 语句，那么当 grade=7 时，从入口 case 7 进入，依次向下执行 case 6 后面的 Java 语句，直至碰到第一个 break 语句，跳出 switch 语句。

【答案】程序代码如下：

```
if(grade==6||grade==7)
{ a=11;
  b=22;
}
else if(grade==5)
    { a=33;
      b=44;
    }
    else
    { a=55;
    }
```

【习题 2】while 和 do...while 语句有何异同？

【答案】while 语句的一般形式是：

```
while(条件)
{  循环体
}
```

do...while 语句的一般形式是：

```
do
{  循环体
}while(条件)
```

do...while 语句与 while 语句的不同之处是：do...while 语句首先执行循环体，然后再对条件（逻辑表达式）进行判断，如果表达式值为 true，继续执行循环体，否则退出循环。而 while 语句是先计算逻辑表达式的值，为 true 则执行循环体，否则退出循环。

所以，do...while 语句的循环体至少执行一次，而 while 语句的循环体有可能一次也不执行。

【习题 3】利用 switch 语句，将百分制成绩转换成 5 级制成绩。其对应关系如下所示：

00~59：E

60~69：D

70~79：C

80~89：B

90~100：A

【解析】利用 switch 语句，首先要构造合适的表达式，使表达式在每个分数段具有一个或几个整型值。考虑到分数段间隔为 10 或 10 的倍数，表达式取：grade/10。

【答案】程序代码如下：

```
public class Classification
{ public static void main(String args[])
  { char level;
    int grade=Integer.parseInt(args[0]);      //将成绩由 String 型转换成 int 型
    int num=grade/10;                          //构造表达式
    switch(num)                                //使用 switch 分级
    {  case 6:level='D';break;
       case 7:level='C';break;
       case 8:level='B';break;
       case 9:level='A';break;
       case 10: level='A';break;
```

```
            default: level='E';
        }
        System.out.println("该生成绩级别为: "+level);                    //输出结果
    }
}
```

【习题4】读入一个16位长整型数,利用switch语句计算0~9这十个数字中,每个数字出现的次数?

【解析】首先要把输入的长整型数逐位取出,然后统计长整型数中0 9这十个数字出现次数。使用String类中的charAt(i)方法,可以得到字符串中位置i的字符。

【答案】

```
import java.io.*;
public class Count{
    public static void main(String args[])  throws IOException  {
        String  s=" ";
        char c=' ';
        int nDig0,nDig1,nDig2,nDig3,nDig4,nDig5,nDig6,nDig7,nDig8,nDig9;
            //统计数字出现次数的变量
        nDig0=nDig1=nDig2=nDig3=nDig4=0;                    //赋初值
        nDig5=nDig6=nDig7=nDig8=nDig9=0;
        System.out.println("请输入一个16位的长整型数: ");
        BufferedReader br =new BufferedReader(new InputStreamReader(System.in));
        s=br.readLine( );                      //读入键盘输入
        for(int i=0;i<s.length();i++)          //一个一个的取出每一位数字
        {   c=s.charAt(i);
            switch(c)  {                       //统计数字
                case '0':nDig0++;  break;
                case '1':nDig1++;  break;
                case '2':nDig2++;  break;
                case '3':nDig3++;  break;
                case '4':nDig4++;  break;
                case '5':nDig5++;  break;
                case '6':nDig6++;  break;
                case '7':nDig7++;  break;
                case '8':nDig8++;  break;
                case '9':nDig9++;  break;
            }
        }
            //输出统计结果
        System.out.println("该长整型数含有数字0的数目为: "+nDig0);
        System.out.println("该长整型数含有数字1的数目为: "+nDig1);
        System.out.println("该长整型数含有数字2的数目为: "+nDig2);
        System.out.println("该长整型数含有数字3的数目为: "+nDig3);
        System.out.println("该长整型数含有数字4的数目为: "+nDig4);
        System.out.println("该长整型数含有数字5的数目为: "+nDig5);
        System.out.println("该长整型数含有数字6的数目为: "+nDig6);
        System.out.println("该长整型数含有数字7的数目为: "+nDig7);
        System.out.println("该长整型数含有数字8的数目为: "+nDig8);
        System.out.println("该长整型数含有数字9的数目为: "+nDig9);
    }
}
```

【运行结果】

请输入一个 16 位的长整型数:

12345678901256 90

该长整型数含有数字 0 的数目为: 2
该长整型数含有数字 1 的数目为: 2
该长整型数含有数字 2 的数目为: 2
该长整型数含有数字 3 的数目为: 1
该长整型数含有数字 4 的数目为: 1
该长整型数含有数字 5 的数目为: 2
该长整型数含有数字 6 的数目为: 2
该长整型数含有数字 7 的数目为: 1
该长整型数含有数字 8 的数目为: 1
该长整型数含有数字 9 的数目为: 2

【习题 5】利用 for 语句, 编程输出如下图形。

```
*
**
***
****
*****
```

【解析】利用双重循环输出图形, 外循环每次输出一行*, 内循环每次输出一个*。

【答案】程序代码如下:

```java
public class Format
{ public static void main(String args[])
  { int i,j;
    for(i=1;i<=5;i++)                                    //输出 5 行*
    {    for(j=1;j<=i;j++)       System.out.print("*");   //输出 1 个*
         System.out.print("\n");
    }
  }
}
```

【习题 6】利用 while 语句, 计算 2+4+6+…+100。

【解析】计算 2～100 之间所有偶数的和, 控制变量的步长是 2。

【答案】程序代码如下:

```java
public class SumOfEven
{  public static void main(String args[])
   {   int i=2,sum=0;
       while(i<=100)                              //从 2 循环到 100
       {  sum+=i;                                  //计算总和
          i+=2;                                    //步长为 2
       }
       System.out.println("求和结果是: "+sum);      //输出结果
   }
}
```

【运行结果】

求和结果是: 2550

【习题 7】利用 for 语句, 计算 1+3+5+…+99。

【解析】计算 1～99 之间所有奇数的和, 循环控制变量的步长是 2。

【答案】程序代码如下：

```
public class SumOfOdd
{ public static void main(String args[])
   { int i,sum=0;
     for(i=1;i<100;i=i+2)                    //从1循环到99，步长为2
     {  sum+=i;                              //计算总和
     }
     System.out.println("求和结果是: "+sum);   //输出结果
   }
}
```

【运行结果】

求和结果是: 2500

【习题 8】利用 do...while 语句，计算 1!+2!+…+100!。

【解析】循环控制变量从 i=1 开始，步长是 1，第四次循环结束时，i=5，变量 n 中存放的是 4!，变量 sum 中存放的是 1!+2!+3!+4!；第 100 次循环结束时，i=101，n 中存放的是 100!，sum 中存放的是 1!+2!+3!+…+100!，循环条件不再满足，结束循环，输出 sum 的值。

【答案】程序代码如下：

```
public class Factorial
{ public static void main(String args[])
   { int i=1;
     double n=1,sum=0;
     do
     {  n=n*i;                              //求从1到100各数的阶乘
        sum=sum+n;                          //计算阶乘的和
        i++;
     }while(i<=100);
     System.out.println("求和结果是: "+sum);   //输出结果
   }
}
```

【运行结果】

求和结果是: 9.426900168370993E157

【习题 9】假设有 1 条绳子长 3 000 m，每天减去一半，请问需要几天时间，绳子的长度会短于 5 m？

【解析】这是一个循环问题，每次循环将绳子长度减半。当绳子短于 5 m 时，结束循环。循环次数就是所用的天数。

【答案】程序代码如下：

```
public class Rope
{ public static void main(String args[])
   { int dayCount=0;                         //存放天数的变量
     float length=3000;                      //绳子长度
     do
     {  length=length/2;                     //绳长减半
        dayCount++;                          //绳长每次减半，天数加1
     }while(length>=5);
     System.out.println("需要时间为: "+dayCount+"天"); //输出结果
   }
}
```

【运行结果】

需要时间为：10 天

【习题 10】水仙花数是指其个位、十位和百位 3 个数的立方和等于这个三位数本身。求所有的水仙花数。

【解析】水仙花数只可能存在于三位数中，所以水仙花数在 100～999 的范围内。

第一步：取出各数的个、十、百位；

第二步：对各数的个、十、百位求立方和，并与该数比较，以判断其是否是水仙花数。

【答案】程序代码如下：

```java
public class Narcissus
{ public static void main(String args[])
  { int i,j,k,n;
    i=j=k=0;
    for(n=100;n<1000;n++)                //从 100 到 999 循环
    {   i=n/100;                         //求出该数的百位
        j=n/10-i*10;                     //求出该数的十位
        k=n%10;                          //求出该数的个位
        if(n==i*i*i+j*j*j+k*k*k)         //求该数的个、十、百位的立方和，并与其比较
          System.out.println(n+" ");     //输出结果
    }
  }
}
```

【运行结果】

```
153
370
371
407
```

【习题 11】地球的半径为 6 400 km，一长跑健将 9.8 s 跑了 100 m，那么他以该速度绕赤道跑一圈，需要几天的时间？

【解析】第一步：计算赤道的周长；

第二步：9.8 s 跑 100 m，可求出一天（$24 \times 60 \times 60$ s）能跑多少米；

第三步：用赤道周长除以每天跑的长度，就可以求出需要多少天时间。

【答案】程序代码如下：

```java
public class RunAroundTheEarth
{ public static void main(String args[])
  { double s,meterPerDay,dayCount=0;
    long r=6400000;                       //地球半径
    s=3.1415926*2*r;                      //赤道周长
    meterPerDay=24*60*60*100/9.8;         //每天可以跑的长度
    dayCount=s/meterPerDay;               //需要的时间
    System.out.println("需要的天数为："+dayCount);
  }
}
```

【运行结果】

需要的天数为：45.6

第 **4** 章   方　法

4.1　典型例题解析

【例 4-1】利用递归算法打印杨辉三角形（打印 9 行）。

【解析】杨辉三角形的特征是：每一个内部元素是它上方元素及其左方元素的和。它们之间的关系是一个递归关系，如下所示：

$$c(n,k)=\begin{cases} 1 & k=0 \text{ 或 } k=n\text{（最左边或最右边数据）} \\ c(n-1,k)+c(n-1,k-1) & 0<k<n \end{cases}$$

根据以上关系，就可以设计出递归的程序。

【答案】程序代码如下：

```java
//YangTriangle.java
public class YangTriangle
{   public static void main(String args[])
    {  for(int i=0;i<9;i++)
       {  for(int j=0;j<=i;j++)
            System.out.print(c(i,j)+"\t");        //调用递归方法 c()，打印结果
          System.out.println();
       }
    }
    static long c(int n,int k)
    {  if(k<=0||k>=n)  return 1;                   //递归公式
       return(c(n-1,k)+c(n-1,k-1));
    }
}
```

【运行结果】

```
1
1      1
1      2      1
1      3      3      1
1      4      6      4      1
1      5      10     10     5      1
```

1	6	15	20	15	6	1		
1	7	21	35	35	21	7	1	
1	8	28	56	70	56	28	8	1

【例 4-2】 编写方法，求 3 个数中的最大值。

【解析】 程序中定义了具有两个 double 型参数的方法 max()，其功能是返回两个参数中的较大值。main()方法通过命令行接收 3 个字符串型数据，分别放入 args[0]、args[1]和 args[2]中。通过 Double.parseDouble()将字符串型数据转换成 double 型数据，分别放入 value1、value2 和 value3 变量中。通过 temp=max(value1,value2)，将 value1 和 value2 中较大值放入 temp 中，再通过 maxValue=max(temp,value3)，将 value1、value2 和 value3 中的最大值放入 maxValue 中，最后输出 maxValue 的值，即 value1、value2 和 value3 中的最大值。

【答案】 程序代码如下：

```java
//Max.java
public class Max
{  public static double max(double x,double y)
   { double z;
     if(x>=y)  z=x;                    //比较两个数，找出较大值
     else  z=y;
     return z;                         //返回较大值
   }
   public static void main(String args[])
   { double value1,value2,value3;
     value1=Double.parseDouble(args[0]);
     value2=Double.parseDouble(args[1]);
     value3=Double.parseDouble(args[2]);
     double temp,maxValue;
     temp=max(value1,value2);//调用 max()，求 value1 和 value2 中的较大值,放入 temp
     maxValue= max(temp,value3);
                               //调用 max()，求 temp 和 value3 中的较大值,放入 maxValue
     System.out.println("最大值为"+maxValue);
   }
}
```

【运行结果】

```
java Max 1.36 54.3 21.6
最大值为 54.3
```

【例 4-3】 编写交换两个整数值的方法。

【解析】 在 Java 语言中，参数传递是以传值的方式进行，即把实际参数的数值传递给形式参数，而不是传实际参数的地址。如果在方法中改变了形式参数的值，实际参数的值是不会改变的。

【答案】 程序代码如下：

```java
//Swap.java
public class Swap
{  public static void swap(int x,int y)
   { int temp=x;
     x=y;
     y=temp;
     System.out.println("swap 方法内: x="+x+",y="+y);
   }
```

```
public static void main(String args[])
{ int i,j;
  i=Integer.parseInt(args[0]);
  j=Integer.parseInt(args[1]);
  System.out.println("使用swap方法交换前 i="+i+",j="+j);
  swap(i,j);                                //调用swap()方法
  System.out.println("使用swap方法交换后 i="+i+",j="+j);
  }
}
```

【运行结果】

```
java Swap 23 47
使用swap方法交换前 i=23,j=47
swap方法内：x=47,y=23
使用swap方法交换后 i=23,j=47
```

【例 4-4】编写方法实现排列公式。

【解析】排列公式如下：

$$p(n,k)=\frac{1\cdot 2\cdot 3\cdots n}{1\cdot 2\cdot 3\cdots (n-k)}=\frac{n!}{(n-k)!}$$

例如，$p(7,3)=(1\cdot 2\cdot 3\cdot 4\cdot 5\cdot 6\cdot 7)/(1\cdot 2\cdot 3\cdot 4)=7!/4!$。可见，可以利用阶乘计算排列公式。

【答案】程序代码如下：

```
//Permutation.java
public class Permutation
{ public static void main(String args[])
  { for(int i=0;i<5;i++)                    //求4以内的排列公式值
    { for(int j=0;j<=i;j++)                 //调用方法p()，求排列公式值
        System.out.print("p("+i+","+j+")="+p(i,j)+" ");
      System.out.println();
    }
  }
  static long p(int n,int k)                //求排列公式值的方法
  { return(f(n)/f(n-k));
  }
  static long f(int n)                      //求阶乘的方法
  { long f=1;
    while(n>1) f=f*n--;
    return f;
  }
}
```

【运行结果】

```
p(0,0)=1
p(1,0)=1 p(1,1)=1
p(2,0)=1 p(2,1)=2 p(2,2)=2
p(3,0)=1 p(3,1)=3 p(3,2)=6 p(3,3)=6
p(4,0)=1 p(4,1)=4 p(4,2)=12 p(4,3)=24 p(4,4)=24
```

【例 4-5】编写判断闰年的方法。

【解析】闰年的年份可以被 4 整除，但是不能被 100 整除，或者可以被 400 整除。

判断闰年的方法 isLeapYear() 的算法如下：

第一步：检查能否被 400 整除，如能则是闰年，返回 true，否则执行第二步；

第二步：检查能否被 100 整除，如能则不是闰年，返回 false，否则执行第三步；

第三步：检查能否被 4 整除，如能则是闰年，返回 true，否则不是闰年，返回 false。

test() 方法通过调用 isLeapYear() 方法，输出被判断年份是或者不是闰年的信息。

【答案】程序代码如下：

```java
//Leapyear.java
public class Leapyear
{ public static void main(String args[])
  { test(1592);                        //调用方法 test() 输出结果
    test(1600);
    test(1700);
    test(1852);
    test(1965);
    test(1992);
    test(2002);
  }
  static boolean isLeapYear(int n)    //返回布尔值
  { if(n%400==0) return true;         //判断是否是闰年
    if(n%100==0) return false;
    if(n%4==0)   return true;
    return false;
  }
  static void test(int n)             //void 方法，无返回值
  { if(isLeapYear(n))                 //调用 isLeapYear() 方法，判断是否是闰年
      System.out.println(n+" is a leap year.");
    else System.out.println(n+" is not a leap year.");
  }
}
```

【运行结果】

```
1592 is a leap year.
1600 is a leap year.
1700 is not a leap year.
1852 is a leap year.
1965 is not a leap year.
1992 is a leap year.
2002 is not a leap year.
```

【例 4-6】编写递归方法，实现下列递归公式：

【解析】

$$p_n(x)=\begin{cases} 1 & n=0 \\ x & n=1 \\ ((2n-1)*x*p_{n-1}(x)-(n-1)*p_{n-2}(x))/n & n>1 \end{cases}$$

递归方法的特点是在其定义中又调用自己，用来实现具有递归定义的公式。

【答案】程序代码如下：

```java
//Recursion.java
```

```
public class Recursion
{ public static void main(String args[])
  { int n;
    double x;
    double y;
    n=Integer.parseInt(args[0]);
    x=Double.parseDouble(args[1]);
    y=p(n,x);                                //调用递归方法p()
    System.out.println("p"+n+"("+x+")="+y);
  }
  static double p(int n,double x)            //根据递归公式,定义递归方法
  { if(n==0)  return 1;                      //n=0 时, 结果为1
    else if(n==1)    return x;               //n=1 时, 结果为x
    else                                     //n>1 时, 就要用递归公式计算
      return((2*n-1)*x*p(n-1,x)-(n-1)*p(n-2,x))/n;
  }
}
```

【运行结果】

java Recursion 1 8
p1(8)=8.0

4.2 课后习题解答

【习题1】编写一个判断素数的方法。以整数作为参数,当该参数为素数时,输出 true,否则输出 false。

【解析】如果一个整数只能被1和它自身整除,则此整数就是一个素数。此程序定义了一个静态方法 testPrime(),用来判断某个整数是不是一个素数。如果是则输出 true,否则输出 false。在 testPrime()方法中,使用一个循环判断输入的整数能否被1和它自身以外的整数整除。

main()方法通过命令行读入一个字符串参数,利用方法 Integer.parseInt()将字符串转化成整数,然后调用方法 testPrime()对输入的参数进行判断,输出检验结果。

【答案】程序代码如下:

```
public class Prime
{ //定义了一个静态方法, 判断整数m是否为一个素数
  //如果是则输出 true, 否则输出 false
  public static void testPrime(int m)
  { boolean isPrime=true;                    //定义标志
    for(int i=2;i<m;i++)
    if(m%i==0)                               //m能被1和自身以外的整数整除
    {   isPrime=false;                       //故 m 不是一个素数
        break;                               //退出循环
    }
    if(isPrime)    System.out.println("true");        //m是素数
    else  System.out.println("false");                //m 不是素数
  }
  public static void main(String args[])
  { if(args.length!=1)              //输入格式错误
    {  System.out.println("输入格式错误!请按照此格式输入: java Prime m");
```

```
        System.exit(0);                    //退出系统
    }
    int number=Integer.parseInt(args[0]);
    testPrime(number);                     //引用静态方法，判断 number 是否为一个素数
  }
}
```

【运行结果】

```
java Prime 12
false
```

【习题 2】编写两个方法，分别求两个数的最大公约数和最小公倍数。

【解析】方法 Gcd()利用辗转相除法求得并返回两个整数的最大公约数。步骤如下：

先用较大的数除以较小的数，得第一个余数；再用较小的数除以第一个余数，得第二个余数；再用第一个余数除以第二个余数，得第三个余数；这样逐次用前一个余数除以后一个余数，直到余数是 0 为止。那么，最后一个除数就是所求的最大公约数（如果最后的除数是 1，那么原来的两个数是互质数）。

方法 Lcd()则是利用求得的两个整数的最大公约数来求这两个数的最小公倍数。由于两个数的乘积等于这两个数的最大公约数与最小公倍数的乘积，所以可以先求出两个数的最大公约数，再用这两个数的乘积除以最大公约数，所得的商就是最小公倍数。

main()方法通过命令行接收两个整数，然后调用两个静态方法来求这两个整数的最大公约数和最小公倍数。

【答案】程序代码如下：

```
public class GlNumber
{   //定义一个方法，用于计算两个整数的最大公约数,此方法中使用了递归调用
    public static int Gcd(int m,int n)
    {  if(n==0)   return m;                //结束递归的条件
       else   return Gcd(n,m%n);           //递归调用
    }
    //定义一个静态方法，用于计算 2 个整数的最小公倍数
    public static int Lcd(int m,int n)
    {  return m*n/Gcd(m,n);                //此处调用了求最大公约数的方法
    }
    public static void main(String args[])
    {  int first,second;
       if(args.length!=2)                  //输入格式错误
       { System.out.println("输入格式错误，请按照如下格式输入: java GlNumber m n");
         System.exit(0);                   //系统退出
       }
       first=Integer.parseInt(args[0]);
       second=Integer.parseInt(args[1]);
       //调用两个方法，计算并输出两个整数的最大公约数和最小公倍数
       System.out.println(first+"和"+second+"的最大公约数是: "+Gcd(first, second));
       System.out.println(first+"和"+second+"的最小公倍数是: "+Lcd(first, second));
    }
}
```

【运行结果】

```
java GlNumber 6 4
```

6 和 4 的最大公约数是: 2

6 和 4 的最小公倍数是: 12

【习题 3】编写一个方法，用来计算并输出：

$$1-\frac{1}{2}+\frac{1}{3}-\frac{1}{4}+\frac{1}{5}-\frac{1}{6}+\cdots-\frac{1}{50}$$

【解析】这是一个数列求和问题。分析数列中各项的变化特征，得到这样的规律：数列各项的符号交替改变，各项分母递增。因此，在 calculateNum() 方法中定义了一个变量 sign，利用循环解决各项分母递增的问题，用变量 sum 累加各项的值，在每次循环结束时，改变 sign 的符号，最后返回结果。main() 方法调用 calculateNum() 方法，输出计算结果。

【答案】程序代码如下：

```
public class Series
{                    //定义一个方法计算此数列的前 50 项的和
  public static double calculateNum()
  {   int sign=-1;                                   //符号
      double under,sum=1.0,term;
      for(int i=2;i<=50;i++)
      {   under=i;                                   //分母递增
          term=sign/under;
          sum=sum+term;                              //数列进行累加
          sign=-sign;                                //改变符号
      }
      return sum;                                    //返回结果
  }
  public static void main(String args[])
  {   System.out.println("计算的结果是: "+calculateNum());   //调用方法
  }
}
```

【运行结果】

```
java Serious
计算的结果是: 0.683
```

【习题 4】Fibonacci 数列的第一项是 0，第二项是 1，以后各项都是前两项的和，编写方法求第 n 项的值。

【解析】在 calculateFib() 方法中，根据 Fibonacci 数列各项的特点和参数 m 的值，进行相应的处理。如果 m 的值是 1 或 2，直接返回相应值；如果 m 的值大于 2，定义 3 个变量进行循环计算，最后返回计算结果。main() 方法通过命令行输入数列的项数 n，然后调用 calculateFib() 方法进行计算，输出结果。

【答案】程序代码如下：

```
public class Fibonacci
{   //构造一个方法，计算 Fibonacci 数列第 m 项的值
    public static int calculateFib(int m)
    {   int Fibonacci2=1,Fibonacci1=0,Fibonacci=0;
        if(m==1)   return 0;                //根据定义，第一项为 0
        else
        {   if(m==2)   return 1;            //根据定义，第二项为 1
            else
```

```
        {   for(int i=3;i<=m;i++)
            {   Fibonacci=Fibonacci1+Fibonacci2;
                Fibonacci1=Fibonacci2;
                Fibonacci2=Fibonacci;
            }
            return Fibonacci;                          //返回第 m 项的值
        }
    }
    public static void main(String args[])
    {   if(args.length!=1)                             //输入格式错误
        {   System.out.println("输入格式错误! 请按照此格式输入:java Fibonacci m");
            System.exit(0);                            //输入格式错误，系统退出
        }
        int num=Integer.parseInt(args[0]);
        System.out.println("Fibonacci 数列的第"+num+"项的值是: "
                    +calculateFib(num));               //引用静态方法
    }
}
```

【运行结果】

```
java Fib 7
Fibonacci 数列的第 7 项的值是: 8
```

【习题 5】计算 1!+2!+3!+…+10!，其中阶乘的计算用方法实现。

【解析】factor()方法利用递归算法计算 m 的阶乘，并返回计算结果。在 main()方法中，定义了变量 sum 用来存放总和；在循环语句中，调用 factor()方法计算各数的阶乘，并将阶乘值累加到变量 sum；最后输出 sum 的值。

【答案】程序代码如下：

```
public class Factorial
{   //定义一个方法计算整数 m 的阶乘    ，此方法中使用了递归算法
    public static int factor(int m)
    {   if(m<=1)  return 1;                       //递归结束条件
        else return m*factor(m-1);               //递归调用
    }
    public static void main(String args[])
    {   long sum=0;                               //使用长整型存储总和, 避免结果溢出
        for(int i=1;i<=10;i++)                    //使用循环计算前 10 项的累加值
            sum=sum+factor(i);                    //调用计算阶乘的方法
        System.out.println("1!+2!+...+10!="+sum);
    }
}
```

【运行结果】

```
java Factorial
1!+2!+...+10!=4037913
```

【习题 6】如果一个三位数的个位数、十位数和百位数的立方和等于该数自身，则称该数为水仙花数，编写方法判断一个三位数是否是水仙花数。

【解析】isAsphodelnum()方法用来判断整数 m 是否是水仙花数。在 isAsphodelnum()方法中，定义了整型变量 i、j 和 k，分别存储 m 的百位、十位和个位。接着判断百位、十位和个位的立方

和是否和 m 相等，如果相等，表明 m 是水仙花数，返回 true，否则返回 false。

　　main()方法通过命令行接收一个整数，调用 isAsphodelnum()方法对此数进行判断，并输出相应的结果。

　　【答案】程序代码如下：

```
public class AsphodelNum
{ public static boolean isAsphodelnum(int m)
  {   int i,j,k;
      i=m/100;                              //取得百位
      j=m/10%10;                            //取得十位
      k=m%10;                               //取得个位
      if(m==i*i*i+j*j*j+k*k*k) return true; //此处进行判断
      else return false;
  }
  public static void main(String args[])
  { if(args.length!=1)                      //输入格式错误
    {  System.out.println("输入格式错误! 请按照此格式输入:java AsphodelNum m");
       System.exit(0);                       //输入格式错误，系统退出
    }
    int num=Integer.parseInt(args[0]);      //将命令行输入的字符串转化成整数
    if(isAsphodelnum(num))                    //引用静态方法对输入的整数进行判断
      System.out.println(num+"是一个水仙花数");
    else System.out.println(num+"不是一个水仙花数");
  }
}
```

　　【运行结果】

```
java AsphodelNum 153
153 是一个水仙花数
```

　　【习题 7】编写方法，求解一元二次方程 $ax^2+bx+c=0$ 的根。

　　【解析】root()方法用来求解并输出方程 $ax^2+bx+c=0$ 的根。在 root()中，首先计算判别式 disc 的值。如果 disc>0，表明方程有两个不相等的实根，计算并输出两个实根；如果 disc=0，表明方程有两个相等的实根，计算并输出两个相等的实根；如果 disc<0，表明方程有两个复根，计算并输出两个复根。

　　main()方法通过命令行输入方程的 3 个系数，调用 root ()方法求解并输出方程的根。

　　【答案】程序代码如下：

```
public class Equation
{ public static void main(String args[])
  { double a,b,c;
    if(args.length!=3)
    {  System.out.println("输入格式错误! 请按照此格式输入
                     (其中 a 不能等于零!):java Equation a b c");
       System.exit(0);                        //输入格式错误，系统退出
    }
    a=Double.parseDouble(args[0]);          //将控制台输入的字符转为实数
    b=Double.parseDouble(args[1]);
    c=Double.parseDouble(args[2]);
    root(a,b,c);
```

```
    }
    public static void root(double a,double b,double c)
    {   double disc=b*b-4*a*c,x1,x2,x,p,q;
        if(disc>0)                                  //判别式大于零，有两个不同的实根
        {  x1=(-b+Math.sqrt(disc))/(2*a);           //Math.sqrt()是求平方根的方法
           x2=(-b-Math.sqrt(disc))/(2*a);
           System.out.println("方程有两个不同的实根，分别是: x1="+x1+"和 x2="+x2);
        }
        else
        {  if(disc==0)                              //判别式等于零，有两个相同的实根
           {   x=(-b)/(2*a);
               System.out.println("方程有两个相同的实根，是: x1=x2="+x);
           }
           else    //判别式小于零，有两个复根
           {   p=-b/(2*a);
               q=Math.sqrt(-disc)/(2*a);
               System.out.println("方程有两个复根，分别是: x1="+p+"+"+q+"i
                        和 x2="+p+"-"+q+"i");
           }
        }
    }
}
```

【运行结果】

```
java Equation 1 2 1
方程有两个相同的实根，是: x1=x2=-1.0
java Equation 1 -1 -6
方程有两个不同的实根，分别是: x1=3.0和x2=-2.0
```

第 5 章　数　　组

5.1　典型例题解析

【例 5-1】使用字符数组和字符串分别输出字符串"ABCDE"。

【解析】字符串可以直接输出，也可以通过方法 charAt 逐个字符输出。

通过这道例题，可熟悉字符数组以及字符串的使用方法，并比较它们之间的区别。

【答案】程序代码如下：

```java
//CharArray.java
public class CharArray
{ public static void main(String args[])
  {   String s=new String("ABCDE");               //创建字符串变量 s
      char[] a;                                    //声明字符数组 a
      a=s.toCharArray();                           //将字符串转换成字符数组
      System.out.println("s="+s);                  //输出 s
      System.out.println("s.length()="+s.length()+"   a.length="+a.length);
      for(int i=0;i<s.length();i++)                //逐个字符输出 s, a
         System.out.println("s.charAt("+i+")="+ s.charAt(i)+"   a["+i+"]=" +a[i]);
  }
}
```

【运行结果】

```
s=ABCDE
s.length()=5    a.length=5
s.charAt(0)=A    a[0]=A
s.charAt(1)=B    a[1]=B
s.charAt(2)=C    a[2]=C
s.charAt(3)=D    a[3]=D
s.charAt(4)=E    a[4]=E
```

【例 5-2】利用冒泡排序法对数字进行排序。

【解析】冒泡排序算法：每次进行相邻两个数的比较，如果次序不对，交换两个数的次序。

【答案】程序代码如下：

```java
//BubbleSort.java
import java.io.*;
public class BubbleSort
```

```
{  public static void bubble(int a[])            //冒泡法排序
   { int count=a.length,i;
     for(i=0;i<count;i++)
       for(int j=count-1; j>i;j--)
         if(a[j]<a[j-1])
         {  int temp=a[j];
            a[j]=a[j-1];
            a[j-1]=temp;
         }
   }
   public static void main(String args[])
   {  final int l=10;
      int a[]=new int[l];
      for(int k=0;k<a.length;k++)                 //产生 10 个 0~100 之间的随机整数
         a[k]=(int)(100*Math.random());
      System.out.println("Before sort: ");
      for(int i=0;i<a.length;i++)         System.out.print(a[i]+"   ");
      System.out.println();
      System.out.println("After sort: ");
      bubble(a);
      for(int j=0;j<a.length;j++)         System.out.print(a[j]+"  ");
   }
}
```

【运行结果】

```
Before sort:
51  17  3  10  60  64  97  48  58  45
After sort:
3  10  17  45  48  51  58  60  64  97
```

注意：每次运行所产生的随机数不同，使程序运行结果不同。

【例 5-3】建立一个 3×4 的矩阵，并查找值最大的矩阵元素。

【解析】要存放矩阵，需要使用二维数组。本例中，定义一个 3 行 4 列的二维数组 matrix 来存放矩阵。通过遍历二维数组，找到矩阵中的最大元素值。

在 create()方法中，使用双重循环产生 12 个 0~200 之间的随机整数，并放入二维数组 matrix 的各元素中。外层循环控制行，内层循环控制列。

在 output()方法中，使用双重循环把矩阵元素输出。外层循环控制行，内层循环控制列。

在 max()方法中，使用双重循环遍历二维数组查找最大元素值。外层循环控制行，内层循环控制列。

【答案】程序代码如下：

```
//Matrix.java
public class Matrix
{  public static void create(int matrix[][])
   {  for(int row=0;row<matrix.length;row++)
      {    int column=0;
           while(column<matrix[row].length)
           {    matrix[row][column]=(int)(Math.random()*200);
                column=column+1;
```

```
            }
        }
    }
    public static void output(int matrix[][])
    {  System.out.println("矩阵: ");
        for(int row=0;row<matrix.length;row++)              //循环输出矩阵内容
        {    for(int column=0;column<matrix[row].length;column++)
                System.out.print(matrix[row][column]+"\t");
            System.out.println();
        }
    }
    public static int max(int matrix[][])
    {  int result=matrix[0][0];
        for(int row=0;row<matrix.length;row++)              //遍历查找矩阵最大元素值
            for(int column=0;column<matrix[row].length;column++)
                if(matrix[row][column]>result)
                    result=matrix[row][column];//与每个矩阵元素比较, 将较大值放入result
        return result;
    }
    public static void main(String args[])
    {  int  matrix[][]=new int[3][4];
        create(matrix);                                     //调用创建矩阵方法
        output(matrix);                                     //调用输出矩阵方法
        System.out.println("最大值为: "+max(matrix));        //输出矩阵最大元素值
    }
}
```

【运行结果】

矩阵:

114	94	170	145
152	1	90	82
120	72	88	78

最大值为: 170

【例5-4】求一个3×3矩阵的对角线元素之和。

【解析】求矩阵对角线元素的和, 首先要了解对角线元素在二维数组中的位置, 即数组下标。当数组元素的下标相同时（a[i][i]）, 即是对角线元素。

【答案】程序代码如下:

```
//MatrixCal.java
public class MatrixCal
{ public static void main(String args[])
  { double a[][]={{3,5,2.5},{4,7,6},{8,9,10}};
    double sum=0;
    System.out.println("矩阵元素: ");                //输出矩阵元素
    for(int i=0;i<a.length;i++)
    {   for(int j=0;j<a[0].length;j++)  System.out.print(a[i][j]+"\t");
        System.out.print("\n");
    }
    //计算对角线元素之和
    for(int i=0;i<a.length;i++)         sum=sum+a[i][i];
    System.out.print("对角线元素之和: "+sum);
```

```
    }
}
```

【运行结果】

矩阵元素：

```
3.0      5.0      2.5
4.0      7.0      6.0
8.0      9.0      10.0
```

对角线元素之和：20.0

【例 5-5】编程计算从 10～20 之间每个数的平方值，将结果保存在一个数组之中。

【解析】第一步：声明一个存放各数平方值的数组；

第二步：求各数的平方值，将结果存放在数组元素中。

注意：Java 数组下标从 0 开始。

【答案】程序代码如下：

```
//Square.java
public class Square
{ public static void printSquare()
  { long a[]=new long[11];
    int i;
    for(i=10;i<=20;i++)                   //计算从 10 到 20 的平方值
        a[i-10]=i*i;                      //Java 数组下标从 0 开始
    for(i=0;i<=10;i++) System.out.println(10+i+" 的平方值="+a[i]);
  }
  public static void main(String args[])
  { printSquare();                        //调用方法
  }
}
```

【运行结果】

```
10 的平方值 100
11 的平方值 121
12 的平方值 144
13 的平方值 169
14 的平方值 196
15 的平方值 225
16 的平方值 256
17 的平方值 289
18 的平方值 324
19 的平方值 361
20 的平方值 400
```

【例 5-6】邮票组合。某人有 4 张 3 分的和 3 张 5 分的邮票。编写程序，计算用这些邮票可以得到多少种不同的邮资。

【解析】对此问题可以建立如下数学模型：

$$s=3 \times t+5 \times f$$

其中，$t=0$，1，2，3，4 为 3 分邮票张数，$f=0$，1，2，3 为 5 分邮票张数。

这是一个穷举问题。

【答案】程序代码如下：

```java
//Stamp.java
public class Stamp
{  public static void printKinds()
   { int kinds[]=new int[20];                 //定义存放结果的数组，最多20种方案
                            //t为3分邮票张数；f为5分邮票张数；v为一种可能邮资值
     int t,f,v=0;
     int i,n=0;                               //i为邮资值种类序号；n为邮资值种类数
     for(t=0;t<=4;t++)                         //穷举t
     for(f=0;f<=3;f++)                         //穷举f
     {  v=t*3+f*5;                             //计算一种邮资方案
        for(i=0;kinds[i]!=0;i++)              //判断该方案是否已经记录的方案
          if(v==kinds[i])    break;
        if(kinds[i]==0&&v!=0)
        {  //不是已经记录的方案，且不等于0，计数器+1
           kinds[i]=v;
           n++;
        }
     }
     System.out.println("方案数＝"+n);
     for(i=0;kinds[i]!=0;i++)                  //输出所有方案
        System.out.println("方案"+i+": "+kinds[i]);
   }
   public static void main(String args[])
   {  printKinds();                            //调用Stamp的成员函数
   }
}
```

【运行结果】

```
方案数＝19
方案 0:  5
方案 1:  10
方案 2:  15
方案 3:  3
方案 4:  8
方案 5:  13
方案 6:  18
方案 7:  6
方案 8:  11
方案 9:  16
方案 10:  21
方案 11:  9
方案 12:  14
方案 13:  19
方案 14:  24
方案 15:  12
方案 16:  17
方案 17:  22
方案 18:  27
```

【例 5-7】编程统计用户输入的字符串中字母、数字和其他字符的数目。

【解析】使用 String 类中的 length() 方法得到字符串的长度，使用 charAt() 方法得到字符串中每一个字符。通过循环语句，将字符串中的每一个字符取出，判断它是字母、数字或其他字符，分别进行数目统计。

【答案】程序代码如下：

```java
//Count.java
public class Count
{ public static void main(String args[])
  { String s=" ";
    char c=' ';
    int nDig,nChar,nOther;
    nDig=nChar=nOther=0;
    s=args[0];
    for(int i=0;i<s.length();i++)           //统计各类字符个数
    {   c=s.charAt(i);                      //从字符串中逐个取出字符
        if(c>='a'&&c<='z')   nChar++;       //如果该字符是字母，则 nChar++
        else if(c>='0'&&c<='9')    nDig++;  //如果该字符是数字，则 nDig++
        else  nOther++;                     //否则，nOther++
    }
    System.out.println("字符串含有字母: "+nChar);
    System.out.println("字符串含有数字: "+nDig);
    System.out.println("字符串含有其他字符: "+nOther);
  }
}
```

【运行结果】

```
java Count as445f4s/;'
字符串含有字母: 4
字符串含有数字: 4
字符串含有其他字符: 3
```

【例 5-8】输入一个 16 位的长整型数，利用 switch 语句统计其中 0~9 每个数字出现的次数。

【解析】利用参数 args[0] 以字符串方式接收命令行输入的长整型数，并放入字符串变量 s 中。使用 String 类的 charAt() 方法逐位取出长整型数中的各数字，利用 switch 语句分别统计 0~9 中各数字出现的次数，最后输出统计结果。

【答案】程序代码如下：

```java
public class Count
{ public static void main(String args[])
  { String s;
    char c;
    int nDig0,nDig1,nDig2,nDig3,nDig4,nDig5,nDig6,nDig7,nDig8,nDig9;
    //声明统计各数字出现次数的变量
    nDig0=nDig1=nDig2=nDig3=nDig4=0;            //赋初值
    nDig5=nDig6=nDig7=nDig8=nDig9=0;
    s=args[0];
    for(int i=0;i<s.length();i++)              //取出每一位数字
    {   c=s.charAt(i);
        switch(c)                             //统计各数字出现次数
        {   case '0':nDig0++;  break;
```

```
            case '1':nDig1++;  break;
            case '2':nDig2++;  break;
            case '3':nDig3++;  break;
            case '4':nDig4++;  break;
            case '5':nDig5++;  break;
            case '6':nDig6++;  break;
            case '7':nDig7++;  break;
            case '8':nDig8++;  break;
            case '9':nDig9++;  break;
        }
    }
                                            //输出统计结果
    System.out.println("数字 0 的数目为: "+nDig0);
    System.out.println("数字 1 的数目为: "+nDig1);
    System.out.println("数字 2 的数目为: "+nDig2);
    System.out.println("数字 3 的数目为: "+nDig3);
    System.out.println("数字 4 的数目为: "+nDig4);
    System.out.println("数字 5 的数目为: "+nDig5);
    System.out.println("数字 6 的数目为: "+nDig6);
    System.out.println("数字 7 的数目为: "+nDig7);
    System.out.println("数字 8 的数目为: "+nDig8);
    System.out.println("数字 9 的数目为: "+nDig9);
    }
}
```

【运行结果】

```
java Count 1234567890125690
数字 0 的数目为: 2
数字 1 的数目为: 2
数字 2 的数目为: 2
数字 3 的数目为: 1
数字 4 的数目为: 1
数字 5 的数目为: 2
数字 6 的数目为: 2
数字 7 的数目为: 1
数字 8 的数目为: 1
数字 9 的数目为: 2
```

5.2　课后习题解答

【习题 1】编程对 10 个整数进行排序。

【解析】bubbleSort()方法使用冒泡排序算法对一维数组进行由小到大的排序。其基本思想是：将相邻的两个元素进行比较,若次序不对,则将两个元素的值互相交换。main()方法调用 bubbleSort()方法对数组进行排序,并输出了排序前后的结果供比较。

【答案】程序代码如下:

```
public class BubbleSort
{                                           //定义使用冒泡排序的方法
                                            //对一维数组进行由小到大的排序
    public static void bubbleSort(int a[])
```

```
{   int n=a.length;                     //取得数组长度
    int temp;                           //用于交换的临时变量
    for(int i=n-1;i>0;i--)              //外层循环
      for(int j=0;j<i-1;j++)            //内层循环
      if(a[j+1]<a[j])
      {   temp=a[j+1];                  //交换两元素的值
          a[j+1]=a[j];
          a[j]=temp;
      }
}
public static void main(String args[])
{   int[] m={10,8,21,65,32,51,74,14,28,95};
    System.out.println("排序前的数组是: ");
    for(int i=0;i<m.length;i++)     System.out.print(m[i]+" ");
    System.out.println();
    bubbleSort(m);                            //调用排序方法对数组 m 进行排序
    System.out.println("排序后的数组是: \n");
    for(int i=0;i<m.length;i++)     System.out.print(m[i]+" ");
}
}
```

【运行结果】

java BubbleSort

排序前的数组是:

10 8 21 65 32 51 74 14 28 95

排序后的数组是:

8 10 14 21 28 32 51 65 74 95

【习题 2】打印以下杨辉三角形（打印 10 行）。

```
1
1   1
1   2   1
1   3   3   1
1   4   6   4   1
1   5   10  10  5   1
...
```

【解析】根据杨辉三角的特征，程序首先定义了一个二维数组，对数组中的对应元素赋值 1；在每行要打印的元素中，除了第一和最后一个元素外，每个元素都是上行对应元素和其左边元素的和，即 a[i][j]=a[i-1][j-1]+a[i-1][j]；最后输出数组相应的元素。

【答案】程序代码如下:

```
public class YanghuiTriangle
{ public static void main(String args[])
  {   int i,j;
      int a[][]=new int[11][11];        //声明二维数组
      for(i=1;i<11;i++)
      {   a[i][i]=1;                     //对数组中的对角线和第一列上的每个元素赋值 1
          a[i][1]=1;
      }
```

```
    for(i=3;i<11;i++)
        for(j=2;j<=i-1;j++)     a[i][j]=a[i-1][j-1]+a[i-1][j];
    for(i=1;i<11;i++)                //输出结果
    {  for(j=1;j<=i;j++)          System.out.print(a[i][j]+" ");
        System.out.println("\n");
    }
    System.out.println("\n");
    }
}
```

【运行结果】

java YanghuiTriangle

```
1
1 2 1
1 3 3 1
1 4 6 4 1
1 5 10 10 5 1
1 6 15 20 15 6 1
1 7 21 35 35 21 7 1
1 8 28 56 70 56 28 8 1
1 9 36 84 126 126 84 36 9 1
```

【习题3】从键盘输入 10 个整数，放入一个一维数组，然后将前 5 个元素与后 5 个元素对换，即将第一个元素与第十个元素互换，将第二个元素与第九个元素互换，依此类推。

【解析】程序将通过命令行输入的 10 个整数存入数组 a 中，并输出这 10 个数；通过 5 次循环，利用临时变量 temp 实现对应元素的交换操作；最后输出交换后的结果。

【答案】程序代码如下：

```
public class ExchangeNum
{   public static void main(String args[])
    {  if(args.length!=10)                    //输入格式错误
        {  System.out.println("输入格式错误! 请按照此格式输入:java ExchangeNum a1 a2...a10");
            System.exit(0);                    //输入格式错误，系统退出
        }
        int a[]=new int[10];                  //声明具有 10 个元素的一维数组 a
        int temp;                             //用于交换的临时变量
        for(int i=0;i<10;i++)                 //输入 10 个整数，存放在 a 中
            a[i]=Integer.parseInt(args[i]);
        System.out.println("您输入的 10 个整数是: ");
        for(int i=0;i<10;i++)    System.out.print(a[i]+" ");
        for(int i=0;i<5;i++)
        {   temp=a[i];
            a[i]=a[9-i];                      //待交换元素的下标和为 9
            a[9-i]=temp;
        }
        System.out.println("\n 交换后的 10 个整数是: ");
        for(int i=0;i<10;i++)    System.out.print(a[i]+"  ");
    }
}
```

【运行结果】

```
java ExchangeNum 1 20 3 11 5 6 7 8 9 10
```
您输入的 10 个整数是：
1 20 3 11 5 6 7 8 9 10
交换后的 10 个整数是：
10 9 8 7 6 5 11 3 20 1

【习题 4】建立一个 m 行 n 列的矩阵，找出其中最小的元素所在的行和列，并输出该值及其行、列位置。

【解析】程序通过命令行读入矩阵的行数 m 和列数 n，声明一个二维数组 a，用来表示此矩阵。调用随机方法 random 对数组 a 的元素赋值。声明变量 min 记录数组中的最小值，给 min 赋的初始值是 a[0][0]。定义变量 row 和 column 分别记录最小值所在的行和列下标，给它们赋的初始值都是 1（因数组下标是从 0 开始，因此元素 a[0][0]在数组的第一行、第一列）。使用双重循环，将 min 和数组中的每个元素进行比较，如果 min 大于某个元素的值，将 min 改为该元素的值，并且记录下这个元素的下标。最后将查询得到的结果输出。

【答案】程序代码如下：

```java
public class FindMin
{   public static void main(String args[])
    {   if(args.length!=2)                      //输入格式错误
        {   System.out.println("输入格式错误！请按照此格式输入:java FindMin m n");
            System.exit(0);                      //输入格式错误，系统退出
        }
        int m,n;
        m=Integer.parseInt(args[0]);
        n=Integer.parseInt(args[1]);
        int a[][]=new int[m][n];                 //声明一个个 m 行 n 列的二维数组
        for(int i=0;i<m;i++)
            for(int j=0;j<n;j++)                 //为二维数组中的每个元素赋随机值
                a[i][j]=(int)(100*Math.random());
        System.out.println("系统随机自动生成的矩阵是: ");
        for(int i=0;i<m;i++)
        {   System.out.println("\n");
            for(int j=0;j<n;j++)
            {   System.out.print(a[i][j]+" ");
            }
        }
        int min=a[0][0],row=1,column=1;
        for(int i=0;i<m;i++)
            for(int j=0;j<n;j++)
            {   if(min>a[i][j])                  //找到较小值，并记录其所在行和列的下标
                {   min=a[i][j];
                    row=i+1;                     //因数组下标从 0 开始
                    column=j+1;
                }
            }
        System.out.println("\n 最小数"+min+"在第"+row+"行，第"+column+"列");
    }
}
```

【运行结果】

java FindMin 3 4
系统随机生成的矩阵是：
65 85 41 24
16 69 99 66
42 44 69 49
最小数16在第2行，第1列

注意： 由于矩阵的元素是随机生成的，所以每次运行的结果可能会不同。

【习题5】 实现矩阵转置，即将矩阵的行、列互换，一个 m 行 n 列的矩阵将转换为 n 行 m 列。

【解析】 程序通过命令行读入矩阵的行数 m 和列数 n，声明一个 m 行 n 列的数组 a 和一个 n 行 m 列的数组 b，利用 Math.random() 方法对数组 a 的各元素赋随机值，并输出矩阵。对数组 a 进行转置，然后输出转置后的数组 b。

【答案】 程序代码如下：

```java
public class Transpose
{  public static void main(String args[])
   { int m,n;
     if(args.length!=2)                    //输入格式错误
     {  System.out.println("输入格式错误！请按照此格式输入:java Transpose m n");
        System.exit(0);                    //输入格式错误，系统退出
     }
     m=Integer.parseInt(args[0]);
     n=Integer.parseInt(args[1]);
     int a[][]=new int[m][n];              //声明m行n列的数组a，表示转置前的矩阵
     int b[][]=new int[n][m];              //声明n行m列的数组b，表示转置后的矩阵
     System.out.println("转置前的矩阵\n");
                    //使用随机方法产生随机数，给数组元素赋值，输出此数组
     for(int i=0;i<m;i++)
     {     for(int j=0;j<n;j++)
         { a[i][j]=(int)(100*Math.random());
           System.out.print(a[i][j]+"  ");
         }
           System.out.println("\n");
     }
     for(int i=0;i<n;i++)
     { for(int j=0;j<m;j++)   b[i][j]=a[j][i];           //转置
     }
     System.out.println("转置后的矩阵\n");
     for(int i=0;i<n;i++)
     {     for(int j=0;j<m;j++)
                 System.out.print(b[i][j]+"  ");         //输出转置后的矩阵
           System.out.println("\n");
     }
   }
}
```

【运行结果】

java Transpose 3 4
转置前的矩阵

```
36  98  44  70
70  38  66  63
87  25  3   65
转置后的矩阵
36  70  87
98  38  25
44  66  3
70  63  65
```

注意：数组元素是随机生成的，故每次运行结果可能会不同。

【习题 6】 求一个 10 行、10 列整型方阵对角线上元素之积。

【解析】 程序首先声明一个 10 行 10 列的数组 a，利用随机数生成方法 Math.random()对数组的各元素赋值。方阵主对角线上元素的下标相同，副对角线上行列下标和为 9（因为数组元素下标从 0 开始），利用这两个特性对方阵主对角线和副对角线上的元素进行累积，最后输出结果。

【答案】 程序代码如下：

```java
public class MatrixCalculation
{   public static void main(String args[])
    {   int a[][]=new int[10][10];                      //声明 10 行 10 列的数组
        System.out.println("随机生成的方阵为\n");
                        //初始化此二维数组，其中使用了方法 Math.random()
                        //此方法的作用是随机产生一个 0 到 1 之间的小数
        for(int i=0;i<10;i++)
        {   for(int j=0;j<10;j++)
            {   a[i][j]=(int)(10*Math.random())+1;      //加 1 避免了元素值为 0
                System.out.print(a[i][j]+"   ");
            }
            System.out.println("\n");
        }
        int sum=1;
        for(int i=0;i<10;i++)
            sum*=a[i][i];      //主对角线元素的特征是行、列下标相同
        System.out.println("主对角线上元素积为: "+sum);
        int num=1;
        for(int i=0;i<10;i++)    num*=a[9-i][i];
        //副对角线元素的特征是行、列下标的和等于方阵的行数减 1(因数组的下标从 0 开始)
        System.out.println("副对角线上元素积为: "+num);
    }
}
```

【运行结果】

```
java MatrixCalculation
随机生成的方阵为
3 7 3 7 10 8 2 2 8 3
8 3 8 3 10 4 9 2 2
5 9 6 8 10 9 1 9 1
1 1 9 5 8 7 2 10 2
9 6 8 9 6 5 8 10 4
2 5 7 1 9 3 5 9 5 9
4 2 5 1 8 9 4 6 9 7
```

```
7  1  1  4  1  10  8  5  6  4
2  8  6  1  8  4  6  9  9  4
6  4  8  1  6  7  7  7  7  3
```
主对角线上元素积为: 2624400
副对角线上元素积为: 108864

注意: 由于矩阵的元素是随机生成的, 故每次运行的结果会不同。

【习题 7】编写一个应用三维数组的程序。

【解析】程序通过命令行读入 3 个整数, 用来表示三维矩阵的 3 个维数大小。随机生成矩阵各个元素, 最后按照三维坐标形式, 依次输出 x 截面上的二维矩阵的值。

【答案】程序代码如下:

```
public class  ThreeDimension
{  public static void main(String args[])
    {   if(args.length!=3)                      //输入格式错误
      { System.out.println("输入格式错误! 请按照此格式输入:java ThreeDimension x y z");
         System.exit(0);                        //输入格式错误, 系统退出
      }
      int x=Integer.parseInt(args[0]);
      int y=Integer.parseInt(args[1]);
      int z=Integer.parseInt(args[2]);
      int a[][][]=new int[x][y][z];
      for(int i=0;i<x;i++)                      //给数组的每个元素赋值
        for(int j=0;j<y;j++)
           for(int k=0;k<z;k++)
              a[i][j][k]=(int)(100*Math.random());
                //模拟三维立方体, 分别输出从 0 到 x-1 坐标上 yz 平面上二维矩阵
      for(int i=0;i<x;i++)
      { System.out.println("x 截面上第"+(i+1)+"个二维矩阵是");
        for(int j=0;j<y;j++)
        {   System.out.println("\n");
           for(int k=0;k<z;k++)   System.out.print(a[i][j][k]+"  ");
        }
        System.out.println("\n");
      }
    }
}
```

【运行结果】

java ThreeDimension 3 4 4

x 截面上第 1 个二维矩阵是
```
55 13 45 63
21 52 32 47
84 95 71 20
68 13 0 54
```
x 截面上第 2 个二维矩阵是
```
25 84 75 94
32 13 62 58
84 62 71 95
30 23 51 74
```
x 截面上第 3 个二维矩阵是

```
84 68 5 63
63 56 74 14
89 54 18 24
87 12 54 36
```

注意：数组元素随机生成，故每次运行结果可能会不同。

【习题 8】编写一个程序，计算一维数组中最大值、最小值及其差值。

【解析】程序首先通过命令行读入一个整数 m，构造一个有 m 个元素的一维数组 a。使用随机数生成方法 Math.random()对数组 a 各元素赋值。声明变量 min 和 max 分别存放最大值和最小值，均赋初始值 a[0]。然后对数组元素从 a[1]开始，逐个与 min 和 max 进行比较。如果比 min 小，则将此元素值赋给 min，如果比 max 大，则将此元素值赋给 max，循环直到 a[m−1]结束。最后输出min 和 max 以及它们的差值。

【答案】程序代码如下：

```
public class FindMaxMin
{   public static void main(String args[])
    {   if(args.length!=1)                 //输入格式错误
        { System.out.println("输入格式错误！请按照此格式输入:java FindMaxMin m");
          System.exit(0);                  //输入格式错误，系统退出
        }
        int m=Integer.parseInt(args[0]);
        int a[]=new int [m];               //声明具有 m 个元素的数组
                                           //随机生成数组每个元素的值并输出此数组
        System.out.println("随机生成的一维数组: ");
        for(int i=0;i<m;i++)
        {   a[i]=(int)(100*Math.random());
            System.out.print(a[i]+"  ");
        }
        int min,max;                       //声明存放最大、最小值的变量
        min=a[0];                          //初始值都是数组的第一个元素
        max=a[0];
        for(int i=1;i<m;i++)
        {   if(a[i]<min)                   //将数组中余下的每个元素和 min, max 进行比较
                min=a[i];                  //如果小于 min，则赋给 min
            if(a[i]>max) max=a[i];         //如果大于 max，则赋给 max
        }
        System.out.println("\n 此数组中最大值是: "+max+" 最小值是: "
                +min+" 它们的差是: "+(max-min));
    }
}
```

【运行结果】

```
java FindMaxMin 6
随机生成的一维数组:
8 9 36  6 43 14  20
此数组中最大值是: 89 最小值是: 6 它们的差是: 83
```

注意：数组元素随机生成，故每次运行结果可能会不同。

第 6 章　类 和 对 象

6.1　典型例题解析

【例 6-1】以下程序能否通过编译？如果不能通过编译，请指出产生错误的原因以及改正的办法。

```
class Location
{ private int x;
  private int y;
  public void Location(int a,int b)
  {    x=a;y=b;
  }
  public int getX()
  {    return x;
  }
  public int getY()
  {    return y;
  }
  public static void main(String args[])
  {    Location loc=new Location(12,20);
       System.out.println(loc.getX());
       System.out.println(loc.getY());
  }
}
```

【解析】类的构造方法不能有返回类型或使用 void 关键字，而 Location 类的构造方法使用了 void 关键字，造成错误，应该将 void 删除。

【答案】不能通过编译。删除构造方法前的 void 关键字，其余不变。修改后的构造方法如下：

```
public Location(int a,int b)
{    x=a;y=b;
}
```

【运行结果】

```
12
20
```

【例 6-2】设计一个描述二维平面上点的类 Position，它有两个成员变量 x 和 y；建立平面上的两个点（对象）source 和 target，输出它们的坐标以及它们之间的距离。

【解析】Position 类除了有成员变量 x 和 y 外，还应该有以下成员方法：

```
public int getX(){ /*…*/ }                    //获得 x 坐标的值
public int getY(){ /*…*/ }                    //获得 y 坐标的值
public double distance(Position p,Position q){/*…*/}
                                              //计算 p 和 q 点之间的距离
```

【答案】程序代码如下：

```
class Position
{ private int x,y;
  Position(int a,int b)
  {  x=a;y=b;
  }
  public int getX()
  {  return x;
  }
  public int getY()
  {  return y;
  }
  public double distance(Position p,Position q)
  {                                           //计算两个 Position 对象 p，q 之间的距离
    return Math.sqrt((p.getX()-q.getX())*(p.getX()-q.getX())
  +(p.getY()-q.getY())*(p.getY()-q.getY()));  //计算距离的公式
  }
  public static void main(String args[])
  {  int x1,x2,y1,y2;
     double dis;
     Position source=new Position(0,0);       //创建 Position 对象 source
     Position target=new Position(5,8);       //创建 Position 对象 target
     x1=source.getX();
     y1=source.getY();
     x2=target.getX();
     y2=target.getY();
     System.out.println("第 1 个点的坐标: ("+x1+","+y1+")");
     System.out.println("第 2 个点的坐标: ("+x2+","+y2+")");
     dis=source.distance(source,target);
     System.out.println("两点之间的距离是: "+dis);
  }
}
```

【运行结果】

```
第 1 个点的坐标: (0,0)
第 2 个点的坐标: (5,8)
两点之间的距离是: 9.433981132056603
```

【例 6-3】设计一个活期存折类，其中包括成员变量 name（姓名）、indentity（编号）、address（家庭地址）、balance（存款额）、date（办理日期）、hasPassword（是否要密码）和 password（密码）。

使用活期存折类创建对象，为 zhangsan 办理一个活期存折，其成员变量的值分别为 zhangsan（姓名）、1234567890（编号）、西安市兴庆路 10 号（家庭地址）、1 000（存款额）、当天日期（办理日期）、true（是否要密码）、123456（密码）。

【解析】当天日期通过 Date 类产生。需要定义显示存折信息的方法 show()。

【答案】程序代码如下：

```
import java.util.*;
public class Bankbook
{  String name;
   long identity;
   String address;
   int balance;
   Date date;
   boolean hasPassword;
   long password;
   Bankbook(String str1,long i,String str2,int m,Date d,boolean y,long p)
   {  name=str1;
      identity=i;
      address=str2;
      balance=m;
      date=d;
      hasPassword=y;
      password=p;
   }
   public void show()                          //显示存折信息
   {  System.out.println("基本信息");
      System.out.println(name+" "+identity+" "+address);
      System.out.println(balance+" "+date+" "+hasPassword+" "+password);
   }
   public static void main(String args[])
   {  Bankbook zhangsan=new Bankbook("zhangsan",1234567890,"西安市兴庆路10号",
                  1000,new Date(),true,123456);
      zhangsan.show();
   }
}
```

【运行结果】

基本信息

zhangsan 1234567890 西安市兴庆路10号

1000 Thu May 20 10:18:05 CST 2004 true 123456

【例6-4】定义一个 Birth 类，其成员变量有：year（年）、month（月）、day（日）。其无参构造方法将成员变量初始化成：year=100，month=1，day=1（对应日期为2000年1月1日）；有参构造方法对成员变量进行合理初始化。

创建 Birth 对象，通过构造方法初始化成员变量，输出成员变量值及其年龄。

【解析】3个成员变量应该声明为 int 型。计算年龄可以使用系统类 Date，通过它的构造方法可以获得当天的日期，通过其 getYear()方法可以获得日期中的年份，实现计算年龄的功能。

使用 Date 类时，要使用 import 导入该类：

```
import java.util.Date;
```

【答案】程序代码如下：

```
import java.util.Date;
class Birth
{  private int year;
   private int month;
```

```
        private int day;
        public Birth()
        {    year=100;month=1;day=1;           //日期为 2000 年 1 月 1 日
        }
        public Birth(int y,int m,int d)
        {    year=y;
             if(m>0&&m<=12)   month=m;          //将 m 的值赋给成员变量 month
             else
             {    month=1;                       //如果 m 的值有误，将成员变量 month 的值设置为 1
             }
             day=checkDay(m,d);                 //对 d 值进行检测
        }
        private int checkDay(int m,int d)
        {    int DaysOfMonth[]={0,31,28,31,30,31,30,31,31,30,31,30,31};
             if (d>0&&d==DaysOfMonth[m]) return d;
             else
             {    return 1;
             }
        }
        public String toString()
        {   return year+1900+"年/"+month+"月/"+day+"日";
        }
        public static void main(String args[])
        {    int age;
             Birth zhang=new Birth(94,02,17);
             System.out.println("Zhang's birth is "+zhang.toString());
             Date today=new Date();
             age=today.getYear()-zhang.year;
             //Date 是系统定义的日期类，通过它可以获得系统的当前日期
             //方法 getYear() 的功能是取得 Date 对象的年份值
             System.out.println(" Zhang is "+age+" years old ");
        }
    }
```

【运行结果】

```
Zhang's birth is 1994 年/2 月/17 日
Zhang is 19 years old
```

注意：程序运行结果与当天日期有关。

【例 6-5】请指出下面程序中类成员变量和实例成员变量的不同之处。

```
class StaticTest
{    public  int x=1;
     public static int y=1;
}
public class StaticTester
{    public static void main(String args[])
     {    int i;
          StaticTest.y=StaticTest.y+1;
          StaticTest m=new StaticTest();
          StaticTest n=new StaticTest();
          m.x=m.x+3;
          m.y=m.y+3;
```

```
            n.x=n.x+5;
            n.y=n.y+5;
            System.out.println("m.x="+m.x+" "+"m.y="+m.y);
            System.out.println("n.x="+n.x+" "+"n.y="+n.y);
        }
    }
```

【答案】StaticTest 类中，x 是实例成员变量，而 y 是类成员变量。在对象 m 和对象 n 中，实例成员变量 x 的存储区域是不同的，所以 m.x 和 n.x 具有不同的值；类成员变量 y 拥有同样的存储区，所以 StaticTest.y、m.y 和 n.y 是同一个存储区，StaticTest.y、m.y 和 n.y 的值是相同的。

【运行结果】
```
m.x=4 m.y=10
n.x=6 n.y=10
```

6.2　课后习题解答

【习题 1】什么是类？如何设计一个类？类中包含哪几部分？

【答案】（1）类是对对象的抽象描述，是创建对象的模板。在程序设计中，将具体对象抽象处理为程序中的"类"是编制程序的首要任务，同时也是程序设计优劣的关键。

（2）设计类：通过对现实世界中的具体对象进行抽象和处理，设计出相应的"类"。

（3）类由属性和方法组成。在 Java 语言中，定义类的一般形式为：

```
class 类名
{   成员变量
    成员方法
}
```

【习题 2】什么是对象？如何创建对象？

【答案】对象是类的实例。

创建对象的一般形式为：

```
类名　对象名=new 类名([参数1,参数2,…]);     //其中参数1,参数2 等为可选项
```

或者：

```
类名　对象名;
对象名=new 类名([参数1,参数2,…]);
```

创建对象是以某个类为模板，通过使用关键字 new 为对象分配一块存储空间。新建的对象拥有类所定义的属性和方法。

【习题 3】什么是构造方法？构造方法有哪些特点？

【答案】构造方法是类中方法名与类名相同的方法。当使用关键字 new 创建一个对象时，Java 系统将自动调用构造方法去初始化这个新建对象，构造方法是类方法中的特殊方法。

构造方法的特点：

（1）构造方法的名字与类名相同。构造方法不在程序中显式调用，当用户使用关键字 new 创建对象时，系统为对象分配存储区域并自动调用该方法对对象进行初始化。

（2）构造方法是类方法的一种特殊形式，它的主要作用是初始化对象中的成员变量。

（3）构造方法没有返回值，方法名前面也没有 void 关键字。

（4）一个类中可以定义多个拥有不同数量、不同类型参数的构造方法。

【习题 4】如何对对象进行初始化？

【答案】在 Java 语言中，使用关键字 new 创建对象时，系统自动调用构造方法对对象进行初始化。如果没有构造方法，那么系统会生成默认构造方法，给成员变量赋默认值（数值型值为 0，对象为 null，布尔型值为 false，字符型值为'\0'）。

下例中声明并初始化 Triangle 类对象 t1。

```
class Triangle                        //定义 Triangle 类
{   int x,y,z;
    public  Triangle(int i,int j,int k)  //定义 Triangle 类的构造方法
    {   x=i;y=j;z=k;
    }
    public static void main(String args[])
    {   Triangle t1=new Triangle(3,4,5);  //声明并初始化一个 Triangle 类对象 t1
    }
}
```

【习题 5】举例说明类变量和实例变量的区别。

【答案】用 static 修饰符修饰的变量称为类成员变量，否则称为实例成员变量。程序代码如下：

```
class Student1
{   String name;                      //实例成员变量
    String address;                   //实例成员变量
    static int count=0;               //类成员变量
    public Student1(String m,String a)
    {   name=m;
        address=a;
        count=count+1;
    }
    public static void main(String args[])
    {   Student1 p1=new Student1("李明","西安市未央区");
        Student1 p2=new Student1("张敏","上海市闵行区");
        System.out.println(p1.name+" "+p1.address+" "+p1.count);
        Student1.count=Student1.count+1;
        System.out.println(p2.name+" "+p2.address+" "+p2.count);
        p1.count=p1.count-1;
        System.out.println(p2.name+" "+p2.address+" "+p2.count);
    }
}
```

【习题 6】类中的实例方法可以操作类变量吗？类方法可以操作实例变量吗？

【答案】类中的实例方法中除使用本方法中声明的局部变量外，还可以访问类变量及实例变量。类方法中除使用本方法中声明的局部变量外，只可以访问类变量，不能访问实例变量。

【习题 7】如何对成员变量和方法的访问权限设置达到数据封装的目的？

【答案】在 Java 程序中，共有 4 种访问权限：public、protected、默认和 private。这 4 种访问权限均可用于类中成员变量和成员方法，其含义如下：

被 public 修饰的成员变量和成员方法可以在所有类中访问。被 protected 修饰的成员变量和成员方法可以在声明他们的类中访问，在该类的子类中访问，也可以在与该类位于同一包的类中访问，但不能在位于其他包的非子类中访问。默认指不使用权限修饰符。不使用权限修饰符修饰的成员变量和方法可以在声明它们的类中访问，也可以在与该类位于同一包的类中访问，但不能在

位于其他包的类中访问。被 private 修饰的成员变量和成员方法只能在声明他们的类中访问，而不能在其他类（包括其子类）中访问。

在声明类时，通常将成员变量声明为 private 权限，仅允许本类的方法访问成员变量，而将方法声明为 public 权限，供其他类调用。其他类通过调用具有 public 权限的方法，以其作为接口使用具有 private 权限的成员变量，从而实现了信息封装。

【习题 8】编写程序，模拟银行账户功能。要求如下：

属性：账号、储户姓名、地址、存款余额、最小余额。

方法：存款、取款、查询。

根据用户操作显示储户相关信息。如存款操作后，显示储户原有余额、今日存款数额及最终存款余额；取款时，若最后余额小于最小余额，拒绝取款，并显示"至少保留余额 XXX"。

【答案】程序代码如下：

```java
public class Account
{   String account;
    String name;
    String address;
    double balance;
    static double minBalance=50;
    public Account()
    {   account="XXX";
        name="Jone";
        address="YYY";
        balance=0;
    }
    public Account(String account,String name,String address,double balance)
    {   this.account=account;
        this.address=address;
        this.name=name;
        this.balance=balance;
    }
    public void deposit(double cash)
    {   System.out.println("您账户原有余额: "+balance);
        System.out.println("现存入: "+cash);
        balance+=cash;
        System.out.println("最终余额: "+balance);
    }
    public void withdraw(double cash)
    {   double temp=balance-cash;
        if(temp<minBalance)  System.out.println("至少保留余额"+minBalance);
        else    balance=temp;
    }
    public void query()
    {   System.out.println("您的余额是: "+balance);
    }
    public static void  main(String[] args)
    {   Account Jame=new Account("111222","Jame","xi'an jiaotong University",
200.00);
        Jame.deposit(300.5);
```

```
        Jame.withdraw(200);
        Jame.withdraw(300);
        Jame.query();
    }
}
```

【运行结果】

```
java Account
```

您账户原有余额：200.0

现存入：300.5

最终余额：500.5

至少保留余额：50.0

您的余额是：300.5

【习题 9】设计一个交通工具类 Vehicle，其中的属性包括：速度 speed、类别 kind、颜色 color；方法包括设置速度、设置颜色、取得类别、取得颜色。创建 Vehicle 的对象，为其设置新速度和颜色，并显示其状态（所有属性）。

【答案】程序代码如下：

```
public class Vehicle
{   String color;
    String kind;
    int speed;
    Vehicle()
    {   color="Red";
        kind="卡车";
        speed=0;
    }
    public void setColor(String color1)
    {   color=color1;
    }
    public void setSpeed(int speed1)
    {   speed=speed1;
    }
    public void setKind(String kind1)
    {   kind=kind1;
    }
    public String getColor()
    {   return color;
    }
    public String getKind()
    {   return kind;
    }
    public int getSpeed()
    {   return speed;
    }
    public static void main(String args[])
    {   Vehicle BMW=new Vehicle();
        BMW.setColor("Black");
        BMW.setSpeed(150);
        BMW.setKind("跑车");
```

```
        System.out.println("有一辆"+BMW.getColor()+"的"+BMW.getKind()+"行驶
在高速公路上。");
        System.out.println("时速"+BMW.getSpeed()+"km/h");
    }
}
```

【运行结果】

java Vehicle

有一辆 Black 的跑车行驶在高速公路上。

时速 150km/h

【习题 10】设计一立方体类 Cube，只有边长属性，具有设置边长、取得边长、计算表面积、计算体积的方法。创建 Cube 类对象，为其设置新边长，显示其边长、计算并显示其表面积和体积。

【答案】程序代码如下：

```
public class Cube
{ double side;
  public Cube()
  { side=0;
  }
  public void setSide(double side1)
  { side=side1;
  }
  public double getSide()
  { return side;
  }
  public double area()
  { return 6*side*side;
  }
  public double volume()
  { return side*side*side;
  }
  public static void main(String args[])
  { Cube cube1=new Cube();
    cube1.setSide(2.0);
    System.out.println("Side="+cube1.getSide());
    System.out.println("Area="+cube1.area());
    System.out.println("Volume="+cube1.volume());
  }
}
```

【运行结果】

java Cube

Side=2.0

Area=24.0

Volume=8.0

【习题 11】创建银行账户类 SavingAccount，用类变量存储年利率，用私有实例变量存储存款额。提供计算年利息的方法和计算月利息（年利息/12）的方法。编写一个测试程序测试该类，建立 SavingAccount 的对象 saver，存款额是 3 000，设置年利率是 3%，计算并显示 saver 的存款额、年利息和月利息。

【答案】程序代码如下：

```
public class SavingAccount
{   static double interest;                              //年利率
    double balance;
    SavingAccount(double amount)
    {    balance=amount;
    }
    public double calculateMonthInterest()               //计算月利息
    {    return calculateYearInterest()/12;
    }
    public double calculateYearInterest()                //计算年利息
    {    return balance*interest;
    }
    public void Balance()
    {    System.out.print("您的存款额是： ");
         System.out.println(balance);
    }
    public static void setInterest(double interest1)
    {    interest=interest1;
    }
    public static void main(String args[])
    {    SavingAccount saver=new SavingAccount(3000);
         SavingAccount.setInterest(0.03);
         saver.Balance();
         System.out.print("年利息是： ");
         System.out.println(saver.calculateYearInterest());
         System.out.print("月利息是： ");
         System.out.println(saver.calculateMonthInterest());
    }
}
```

【运行结果】

```
java SavingAccount
您的存款额是： 3000.0
年利息是： 90.0
月利息是： 7.5
```

【习题 12】设计实现地址概念的类 Address。Address 具有属性：省、市、街道、门牌号、邮编，具有能设置和获取属性的方法。

【答案】程序代码如下：

```
public class Address
{   String province;
    String city;
    String street;
    String doorNo;
    String postCode;
    public void setProvice(String province1)
    {    province=province1;
    }
    public void setCity(String city1)
    {    city=city1;
    }
```

```
public void setStreet(String street1)
{    street=street1;
}
public void setDoorNo(String doorNo1)
{    doorNo=doorNo1;
}
public void setPostCode(String postCode1)
{    postCode=postCode1;
}
public String getProvince()
{    return province;
}
public String getCity()
{    return city;
}
public String getStreet()
{    return street;
}
public String getDoorNo()
{    return doorNo;
}
public String getPostCode()
{    return postCode;
}
public static void main(String[] args)
{    Address addr=new Address();
     addr.setProvince("陕西省");
     addr.setCity("西安市");
     addr.setStreet("咸宁西路");
     addr.setDoorNo("28 号");
     addr.setPostCode("710049");
     System.out.println("Province: "+addr.getProvince());
     System.out.println("City: "+addr.getCity());
     System.out.println("Street: "+addr.getStreet());
     System.out.println("DoorNo: "+addr.getDoorNo());
     System.out.println("PostCode: "+addr.getPostCode());
}
}
```

【运行结果】

```
java Address
Province: 陕西省
City: 西安市
Street: 咸宁西路
DoorNo: 28 号
PostCode: 710049
```

第 **7** 章   类的继承和多态机制

7.1   典型例题解析

【例 7-1】以下程序能否通过编译？如果不能通过编译，请指出产生错误的原因，并改正。
程序代码如下：

```
class StudentsScore
{    private static int passPoint=350;
     private String studentId;
     private String name;
     private int score;
     public StudentsScore(String studentId,String name,int score)
     {    this.studentId=studentId;
          this.name=name;
          this.score=score;
     }
     public int getScore()
     {    return score;
     }
     public String getName()
     {    return name;
     }
}
class StudentTest
{    public static void main(String args[])
     {    StudentsScore student1=new StudentsScore("20010101","Zhang",560);
          if(student1.score-StudentsScore.passPoint>=0)
            System.out.println("Congratulation!"+student1.name+"passes the test");
          else System.out.println("Sorry!"+student1.name+"does not pass the
test");
     }
}
```

【解析】private 成员只能在声明它们的类内访问，而不能在其他类中访问。StudentsScore 类中的成员都是 private 型，所以不能在 StudentTest 类中访问。

【答案】不能通过编译。不能在 StudentTest 类中访问 StudentsScore 类中的 private 型变量 name、score 和 passPoint。可以将 passPoint 更改为 public 型，在 StudentTest 类中通过调用 StudentsScore

类中的 public 型方法 getName()和 getScore()获得 name 和 score 变量的值。

改正后的程序如下：

```
class StudentsScore
{   public static int passPoint=350;
    private String studentId;
    private String name;
    private int score;
    public StudentsScore(String studentId,String name,int score)
    {   this.studentId=studentId;
        this.name=name;
        this.score=score;
    }
    public int getScore()
    {   return score;
    }
    public String getName()
    {   return name;
    }
}
class StudentTest
{   public static void main(String args[])
    {   StudentsScore student1=new StudentsScore("20010101","Zhang",560);
        if(student1.getScore()-StudentsScore.passPoint>=0)
          System.out.println("Congratulation!"+student1.getName()+"passes
the test!");
        else System.out.println("Sorry ! "+student1.getName()+"does not pass
the test!");
    }
}
```

【运行结果】

Congratulation! Zhang passes the test!

【例 7-2】设计一个学生类 Student，其属性有 name（姓名）、age（年龄）和 degree（学位）。由 Student 类派生出本科生类 Undergraduate 和研究生类 Graduate，Undergraduate 类增加属性 specialty（专业），研究生类增加属性 direction（研究方向）。每个类都有 show()方法，输出属性信息。

【解析】Student 类的构造方法仅初始化 name、age 和 degree，Undergraduate 和 Graduate 类的构造方法除调用 Student 类的构造方法外，还分别需要初始化自己新增加的成员变量 specialty 和 direction。

Student 类的 show()方法仅需要输出 name、age 和 degree 的值，Undergraduate 和 Graduate 类的 show()方法除调用 Student 类的 show()方法外，还分别需要输出新增加的成员变量 specialty 和 direction 的值。

【答案】程序代码如下：

```
class Student
{   String name;                          //姓名
    int age;                              //年龄
    String degree;                        //学位
    Student(String name,int age,String degree)
```

```
    {      this.name=name;
           this.age=age;
           this.degree=degree;
    }
    void show()
    {      System.out.print("姓名: "+name);
           System.out.print(" 年龄: "+age);
           System.out.print(" 学位: "+degree);
    }
}
class Undergraduate extends Student
{   String specialty;                           //专业
    Undergraduate(String name,int age,String degree,String specialty)
    {   super(name,age,degree);                 //调用父类构造方法
        this.specialty=specialty;
    }
    public void show()
    {   super.show();                           //调用父类方法
        System.out.println(" 专业: "+specialty);
    }
}
class Graduate extends Student
{   String direction;                           //研究方向
    Graduate(String name,int age,String degree,String direction)
    {   super(name,age,degree);                 //调用父类构造方法
        this.direction=direction;
    }
    void show()
    {   super.show();                           //调用父类方法
        System.out.println(" 研究方向: "+direction);
    }
}
public class StudentClient
{   public static void main(String args[])
    {   Undergraduate ungraduate=new Undergraduate("张三",23,"本科","工业自动化");
        ungraduate.show();
        Graduate graduate=new Graduate("李四",27,"硕士","网络技术");
        graduate.show();
    }
}
```

【运行结果】

姓名: 张三 年龄: 23 学位: 本科 专业: 工业自动化

姓名: 李四 年龄: 27 学位: 硕士 研究方向: 网络技术

【例 7-3】编写一个 Java 应用程序，设计一个汽车类 Vehicle，属性有车轮个数 wheels 和车重 weight。卡车类 Truck 是 Vehicle 的子类，新加属性有载重量 load。面包车类 Minibus 是 Truck 的子类，新加属性有载客数 passenger。每个类都有相关数据的输出方法。

【解析】Vehicle 类的构造方法仅对其 wheels 和 weight 属性初始化，show()方法仅显示其 wheels 和 weight 属性的数据。

Truck 类的构造方法中，除通过 super 调用父类 Vehicle 的构造方法对 wheels 和 weight 属性初始化外，还对 load 属性初始化。Truck 类的 show1() 方法中，除调用父类 Vehicle 的 show() 方法显示 wheels 和 weight 属性的数据外，还显示了 load 属性的数据。

Minibus 类的构造方法中，除通过 super 调用父类 Truck 的构造方法对 wheels、weight 和 load 属性初始化外，还对 passenger 属性初始化。Minibus 类的 show2() 方法中，除调用父类 Truck 的 show1() 方法显示 wheels、weight 和 load 属性的数据外，还显示了 passenger 属性的数据。

【答案】程序代码如下：

```
class Vehicle
{   int wheels;                              //车轮数
    float weight;                            //车重
    Vehicle(int wheels,float weight)
    {   this.wheels=wheels;
        this.weight=weight;
    }
    void show()
    {   System.out.print("车轮: "+wheels);
        System.out.print(",车重: "+weight);
    }
}
class Truck extends Vehicle
{   int  load;                               //载重量
    Truck(int wheels,float weight,int load)
    {   super(wheels,weight);                 //调用父类构造方法
        this.load=load;
    }
    public void show1()
    {   System.out.println("车型: 卡车");
        show();                               //调用父类方法
        System.out.print(",载重量: "+load);
    }
}
class Minibus extends Truck
{   int passenger;
    Minibus(int wheels,float weight,int load,int passenger)
    {   super(wheels,weight,load);            //调用父类构造方法
        this.passenger=passenger;
    }
    void show2()
    {   System.out.println("\n\n 子车型: 面包车");
        show1();                              //调用父类方法
        System.out.println(",载人: "+passenger);
    }
}
public class VehicleClient
{   public static void main(String args[])
    {   Truck truck=new Truck(6,7500,80);     //创建一个 Truck 类对象
        truck.show1();
        Minibus minibus=new Minibus(4,3000,30,4);  //创建一个 Minibus 类对象
```

```
        minibus.show2();
    }
}
```

【运行结果】

车型: 卡车

车轮: 6,车重: 7500.0,载重量: 80

子车型: 面包车

车型: 卡车

车轮: 4,车重: 3000.0,载重量: 30,载人: 4

【例 7-4】编制一个程序，利用方法的多态性，判断输入数据的数据类型是整型、实型、字符序列还是逻辑型。

【解析】有 4 个 prints()方法，它们具有相同的名字，但具有不同的参数类型，属于方法的重载。调用 prints()方法时，根据所传递的参数类型选择执行相应的方法。

String 类的 indexOf()方法返回字符串中指定子串的起始位置，如果返回值是-1，表明不存在指定的子串。

【答案】程序代码如下：

```java
public class DataType
{ public static void main(String args[])
  { String str,str1;
    int i;
    boolean bool;
    double d;
    str=args[0];
    if((str.indexOf("'"))!=-1) //判断输入的数据是否包含"'"，决定是否是字符序列
    {  prints(str);
       return;
    }
    i=str.indexOf(".");              //判断输入的数据是否包含小数点
    if(i==-1)                        //不包含小数点，不可能是 double 型
    {  str1=str.toUpperCase();                    //转换成大写形式
      if(str1.equals("TRUE")||str1.equals("FALSE"))   //是 boolean 型值
      {  bool=Boolean.parseBoolean(str);            //转换成 boolean 型值
         prints(bool);
      }
      else
      {   i=Integer.parseInt(str);    //是 int 型的，转换成 int 型值
          prints(i);
      }
    }
    else                             //包含小数点，是 double 型值
    {  d=Double.parseDouble(str);
       prints(d);
    }
  }
  static void prints(int intValue)                  //int 型
  { System.out.println("您输入的是整型数 "+intValue);
  }
  static void prints(double doubleValue)            //double 型
```

```
{ System.out.println("您输入的是实型数 "+doubleValue);
}
 static void prints(boolean booleanValue)                    //boolean 型
{ System.out.println("您输入的是布尔型量 "+booleanValue);
}
 static void prints(String strValue)                         //字符串
{ System.out.println("您输入的是字符序列 "+strValue);
}
}
```

【运行结果】

```
java DataType 1234
您输入的是整型数 1234
java DataType '2145'
您输入的是字符序列 '2145'
java DataType true
您输入的是布尔型量 true
java DataType 35.29
您输入的是实型数 35.29
```

【例 7-5】查看下列程序并指出其输出结果。

```
class A
{ public A()
  { System.out.println("A is called");
  }
  public A(String x)
  { System.out.println("A is called and input string: "+x);
  }
}
class B extends A
{ public B()
  { super();
    System.out.println("B is called");
  }
  public B(String x)
  { super();
    System.out.println("B is called and input string:"+x);
  }
}
class C extends B
{ public C()
  { System.out.println("C is called");
  }
  public C(String x)
  { super(x);
    System.out.println("C is called and input string:"+x);
  }
}
public class ExtendTest1
{  public static void main(String args[])
   {    C C1=new C("how are you?");
   }
}
```

【解析】A、B、C 类依次为父类和子类关系，其中 A 类为 B 类的父类，同时 B 类又是 C 类的父类。

下面分析程序运行过程：程序首先运行 new C("how are you?")，调用 C 类的带参数构造方法 C(String x)；在 C(String x) 中，通过 super(x) 调用父类 B 带参数的构造方法 B(String x)；在 B(String x) 中，通过 super() 调用其父类 A 不带参数的构造方法 A()。

注意：调用父类的构造方法时，super() 语句必须是方法中的首条语句。

【运行结果】

```
A is called
B is called and input string:how are you?
C is called and input string:how are you?
```

【例 7-6】在下列程序中，子类 B 可以访问父类 A 中的哪些成员？为什么？

```
class A
{    private int privateData=10;
     public int pubSuperData;
     private void privateMethod()
     {  System.out.println("super privateData="+privateData);
        System.out.println("Super class's privateMethod");
     }
     public void pubSuperMethod()
     {  privateMethod();
        System.out.println("Super class's publicSuperMethod");
     }
}
class B extends A
{  private int privateData=20;
   private void privateMethod()
   {    System.out.println("sub privateData="+privateData);
        System.out.println("Subclass's privateMethod");
   }
   public void pubSubMethod()
   {    privateMethod();
        pubSuperMethod();
        System.out.println("Subclass's publicSubMethod");
   }
}
public class ExtendTest
{  public static void main(String args[])
   {    B b=new B();
        b.pubSubMethod();
   }
}
```

【答案】在 Java 中，子类只能访问父类中非 private 的成员变量和成员方法。

在子类 B 中，可以访问父类 A 中 public 成员变量 pubSuperData 和 public 成员方法 pubSuperMethod()，而不能访问 A 中 private 成员变量 privateData 和 private 成员方法 privateMethod()。

在 B 类的 privateMethod() 中，System.out.println("sub   privateData="+privateData) 访问的是 B 类

的 privateData 成员，其值是 20。

在 B 类的 pubSubMethod()中，privateMethod()调用的是 B 类的 privateMethod()方法。

在 A 类的 privateMethod()中，System.out.println("super privateData=" +privateData)访问的是 A 类的 privateData 成员，其值是 10。

在 A 类的 pubSuperMethod()中，privateMethod()调用的是 A 类的 privateMethod()方法。

【运行结果】

```
sub privateData=20
Subclass's privateMethod
super privateData=10
Super class's privateMethod
Super class's publicSuperMethod
Subclass's publicSubMethod
```

【例 7-7】分析下列程序的功能和运行结果。

```
class Employee
{   String name;
    Employee(String name)
    {   this.name=name;
    }
    public void showInfo()
    {   System.out.println("this is superClass call:"+name);
    }
    public void getInfo()
    {   showInfo();
    }
}
class Manager extends Employee
{   String name;                     //注意与父类同名的成员变量
    String department;
    Manager(String n)
    {   super(n);
    }
    public void showInfo1()
    {   System.out.println("this is subClass call:"+name);
        System.out.println(department);
    }
}
public class CoverMethod
{   public static void main(String args[])
    {   Manager aa=new Manager("李四");
        aa.name="张三";
        aa.department="经理室";
        aa.getInfo();
        aa.showInfo1();
    }
}
```

【解析】父类 Employee 以及子类 Manager 都含有 String 型成员变量name。在 Manager 类中，showInfo1()方法中 System.out.println("this is subClass call:"+name)访问的是 Manager 类声明的成员变

量 name；而在 Employee 类中，showInfo()方法中 System.out.println("this is superClass call:"+name)访问的是 Employee 类声明的成员变量 name。

程序执行过程如下：

new Manager("李四")调用 Manager 类的构造方法 Manager()；在 Manager()中，又通过 super()调用 Employee 的构造方法 Employee()，将"李四"赋给 Employee 中声明的 name，所以 Employee 中 name 的值为"李四"。

通过 aa.name="张三"，使 Manage 中声明的 name 的值成为"张三"；通过 aa.department="经理室"，使 department 的值成为"经理室"。

通过 aa.getInfo()调用 Employee 中声明的 getInfo()方法，在其中又调用 Employee 中声明的 showInfo()方法，输出 Employee 中声明的 name 的值"李四"，输出结果是：

```
this is superClass call:李四
```

通过 aa.showInfo1()调用 Manager 中声明的 showInfo1()方法，输出 Manager 中声明的 name 值"张三"及 department 的值"经理室"，输出结果是：

```
this is subClass call:张三
经理室
```

【运行结果】

```
this is superClass call:李四
this is subClass call:张三
经理室
```

【例 7-8】请指出下面程序中 this 关键字的作用。

```java
class ThisTest
{   public static void main(String args[])
    {   SimpleTime t=new SimpleTime(12,30,19);
        t.buildString();
    }
}
class SimpleTime
{   private int hour,minute,second;
    public SimpleTime()
    {   this(0,0,0);
    }
    public SimpleTime(int hour,int minute,int second)
    {   this.hour=hour;
        this.minute=minute;
        this.second=second;
    }
    public void buildString()
    {   System.out.println(this.toString()+"    "+toString());
    }
    public String toString()
    {   return this.hour+":"+this.minute+":" +this.second;
    }
}
```

【解析】在程序中多处出现 this 关键字。

在带参数的构造方法 SimpleTime(int hour,int minute,int second)中，用 this.hour、this.minute 和

this.second 分别表示 3 个成员变量，用 hour、minute 和 second 分别表示该方法中的 3 个参数（局域变量）。

在无参构造方法 SimpleTime()中，通过 this(0,0,0)调用本类带参数的构造方法 SimpleTime(int hour,int minute,int second)。

在 toString()方法中，用 this.hour、this.minute 和 this.second 分别表示 3 个成员变量。此时 this.可以省略。

在 buildString()方法中，用 this.toString()调用该类中的方法 toString()。此时 this.可以省略，this.toString()与 toSting()调用同一个方法。

【运行结果】

```
12:30:19      12:30:19
```

7.2　课后习题解答

【习题 1】子类能够继承父类的哪些成员变量和方法？

【答案】在继承关系中，子类只能继承父类中非私有的成员变量和方法。所谓非私有成员变量和方法是指被除 private 以外的其他访问控制符修饰的成员变量和方法。

【习题 2】重载与覆盖有什么不同？

【答案】方法重载指在一个类中创建了多个方法，它们具有相同的方法名，但参数的个数不同、或参数的数据类型不同，或两者都不相同。

覆盖是指子类中定义的方法与父类中方法名相同，子类在调用这个同名方法时，默认是调用它自己定义的方法，而将从父类那里继承来的方法"覆盖"住，好像此方法不存在一样。如果一定要调用父类的同名方法，可以使用"super"关键字来指定。

重载和覆盖的不同之处是：重载是在一个类中有多个方法，方法名相同而参数不同；覆盖是指父类和子类中方法同名且拥有相同的参数列表，子类在调用时默认调用子类的同名方法而覆盖掉父类的方法。

【习题 3】编写一个程序实现方法的重载。

【解析】定义一个 Tiff 类，在类中定义两个方法：calculate(float r)和 calculate(float r,float h)。它们的名称是相同的，但是有不同的参数，一个计算圆的面积，另一个计算圆柱体的体积。

【答案】程序代码如下：

```
//此程序重载了 calculate 方法
class Tiff
{   public Tiff(){ };
    double calculate(float r)
    {    return 3.14*r*r;
    }
    double calculate(float r,float h)
    {    return 3.14*r*r*h;
    }
    public static void main(String args[])
    {    Tiff tiff=new Tiff();
        System.out.println("Area="+tiff.calculate(12.6f));
```

```
        System.out.println("Volume="+tiff.calculate(12.6f,37.8f));
    }
}
```

【运行结果】

```
Area=498.75927988416277
Volume=18853.10039909822
```

【习题 4】编写一个程序实现方法的覆盖。

【解析】方法的覆盖是指子类中定义的方法与父类中方法同名。

【答案】程序代码如下：

```
class CCircle
{ protected double radius;
  public CCircle(double r)
  {   radius=r;
  }
  public void show()
  {   System.out.println("Radius="+radius);
  }
}
public class CCoin extends CCircle
{ private int value;
  public CCoin(double r,int v)
  {   super(r);
      value=v;
  }
  public void show()
  {   System.out.println("Radius="+radius+"  Value="+value);
  }
  public static void main(String args[])
  {   CCircle circle=new CCircle(2.0);
      CCoin coin=new CCoin(3.0,5);
      circle.show();
      coin.show();
  }
}
```

【运行结果】

```
Radius=2.0
Radius=3.0  Value=5
```

【习题 5】编写一个使用 this 和 super 的程序。

【解析】this 关键字表示当前对象，而 super 关键字则是当前对象的直接父类对象。

在程序中定义了 parent 和 son 类，其中都定义了成员变量 x，这时就需要区分父类与子类的成员变量，通过用 super 引用父类的成员变量和方法，而通过 this 引用当前类的成员变量。

【答案】程序代码如下：

```
class Parent
{ protected int x;
  public Parent(int i)
  { x=i;
  }
```

```
    int getX(){   return x;    }
    void show()
    {   System.out.println("x="+x);
    }
}
class Son extends Parent
{   protected int x;
    public Son(int j)
    {   super(3);                        //调用父类的构造方法
        this.x=j;                        //引用子类中的成员变量 x
    }
    void show()
    {   System.out.println("super.x="+super.x+" "+"this.x="+x);
                                         //分别输出父类和子类的成员变量 x
    }
    public static void main(String args[])
    {   Son son=new Son(5);
        son.show();
    }
}
```

【运行结果】

```
super.x=3 this.x=5
```

【习题 6】final 成员变量和方法有什么特点？

【答案】Java 中，有一个非常重要的关键字 final，用它可以修饰类及类中的成员变量和成员方法。用 final 修饰的类不能被继承，用 final 修饰的成员方法不能被覆盖，用 final 修饰的成员变量不能被修改。

【习题 7】已有一个交通工具类 Vehicle，其中的属性包括：速度 speed、类别 kind、颜色 color；方法包括设置速度、设置颜色、取得类别、取得颜色。设计一个小车类 Car，继承自 Vehicle。Car 中增加了属性：座位数 passenger，增加了设置和获取座位数的方法。创建 Car 的对象，为其设置新速度和颜色，并显示其状态（所有属性）。

【解析】设置属性的方法名为 setXXXX()，无返回类型，通过形式参数给属性传递值。返回属性值的方法名为 getXXXX()，返回类型为属性的数据类型，无形式参数。

【答案】程序代码如下：

```
class Vehicle
{   String color;
    String kind;
    int speed;
    Vehicle()                            //默认构造方法
    {   color="";
        kind="";
        speed=0;
    }
    public void setColor(String color1)
    {   color=color1;
    }
    public void setSpeed(int speed1)
```

```
         {   speed=speed1;
         }
         public void setKind(String kind1)
         {   kind=kind1;
         }
         public String getColor()
         {   return color;
         }
         public String getKind()
         {   return kind;
         }
         public int getSpeed()
         {   return speed;
         }
}
public class Car extends Vehicle
{    int passenger;
     public Car()
     {    super();
          passenger=0;
     }
     public void setPassenger(int passenger)
     {    this.passenger=passenger;
     }
     public int getPassenger()
     {    return passenger;
     }
     public static void main(String[] args)
     {  Car Benz=new Car();
        Benz.setColor("Yellow");
        Benz.setKind("Roadster");
        Benz.setSpeed(120);
        Benz.setPassenger(4);
        System.out.println("Benz: ");
        System.out.println("Color "+Benz.getColor());
        System.out.print("Speed (km/h)");
        System.out.println(Benz.getSpeed());
        System.out.println("Kind "+Benz.getKind());
        System.out.print("Passenger ");
        System.out.println(Benz.getPassenger());
     }
}
```

【运行结果】

```
Benz:
Color Yellow
Speed (km/h)120
Kind Roadster
Passenger 4
```

【习题 8】设计一个圆类 Circle，具有属性：圆心坐标 x 和 y 及圆半径 r，除具有设置及获取属性的方法外，还具有计算周长的方法 perimeter()和计算面积的方法 area()。再设计一个圆柱体类 Cylinder，Cylinder 继承自 Circle，增加了属性：高度 h，增加了设置和获取 h 的方法、计算表面积的方法 area()和计算体积的方法 volume()。创建 Cylinder 的类对象，显示其所有属性，计算并显示其面积和体积。

【解析】Cylinder 类的构造方法中，通过 super()方法调用父类的构造方法。方法中的局域变量与成员变量同名，默认引用的是局域变量，如果要引用成员变量必须用 this.修饰。

Cylinder 类中的 area()方法覆盖了 Circle 类中的 area()方法，同时 Cylinder 类中的 area()方法还通过 super.area()调用 Circle 类中的 area()方法计算上、下底的面积。

【答案】程序代码如下：

```java
class Circle                    //圆类
{   double x;
    double y;
    double r;
    Circle(double x,double y,double r)
    {    this.x=x;
         this.y=y;
         this.r=r;
    }
    public void setX(double x)
    {    this.x=x;
    }
    public void setY(double y)
    {    this.y=y;
    }
    public void setR (double r)
    {    this.r=r;
    }
    public double getX()
    {    return x;
    }
    public double getY()
    {    return y;
    }
    public double getR()
    {    return r;
    }
    public double area()
    {    return r*r*3.1416;
    }
    public double perimeter()
    {    return 2*r*3.1416;
    }
    public void show()
    {    System.out.print("x="+x+",y="+y+",Radius="+r);
    }
}
public class Cylinder extends Circle    //圆柱体类
```

```
{    double h;
    Cylinder(double x,double y,double r,double h)
    {  super(x,y,r);
       this.h=h;
    }
    public void setH (double h)
    {  this.h=h;
    }
    public double getH()
    {  return h;
    }
    public double area()              //计算圆柱体的表面积，覆盖了父类的area()函数
    {  return perimeter()*h+super.area()*2;
    }
    public double volume()           //计算圆柱体的体积
    {  return super.area()*h;
    }
    public static void main(String args[])
    {  Cylinder cylinder=new Cylinder(1,1,4,8);
       cylinder.show();
       System.out.println(",Height="+cylinder.getH());
       System.out.println("Area="+cylinder.area());
       System.out.println("Volume="+cylinder.volume());
    }
}
```

【运行结果】

x=1.0,y=1.0,Radius=4.0,Height=8.0
Area=301.5936
Volume=402.1248

第 **8** 章 ——— 接 口 和 包

8.1 典型例题解析

【**例 8-1**】指出并改正下面程序中的错误。

```
1    public interface Example1
2    {    private double privateOne=0.0;
3         protected int protectTwo=0;
4         public int publicThree=10;
5         public int publicFour;
6         public void methodOne()
7         {    System.out.println("aaa");
8         }
9         public static void methodTwo();
10        public static final int methodThree();
11        public abstract void methodFour();
12   }
```

【**解析**】接口中的成员变量都默认为 public static final 变量，即常量。所有方法默认为 public abstract 方法，所以第 2、3 行的成员变量只能定义为 public 型，而不能定义为 private 或 protected 型；第 5 行应该给 publicFour 赋值；第 6、7、8 行应该只给出方法头，不给出方法体；第 9 行应该只定义抽象方法，去掉 static 修饰；第 10 行应该只定义抽象方法，去掉 static final 修饰。

【**答案**】程序代码如下：

```
//改正后的程序
public interface Example1
{
    public double privateOne=0.0;
    public int protectTwo=0;
    public int publicThree=10;
    public int publicFour=34;
    public abstract void methodOne();
    public abstract void methodTwo();
    public abstract int methodThree();
    public abstract void methodFour();
}
```

【**例 8-2**】电流在线路中传输时都会有损耗，假如计算电费时区分冬季和夏季用电情况，冬季在电表读数上加 20 度作为用电损耗，而夏季没有此损耗。每度电费为 0.49 元，用电度数为 125，分别计算出冬季和夏季相应的电费。

【解析】设计一个通用抽象类 Common，成员变量包括电费单价 price 和用电度数 amount，成员方法只有抽象方法 calculate()，用来计算电费。

定义两个类 Winter 和 Summer，继承 Common 类，分别用来完成计算和显示冬季和夏季电费的功能。

【答案】程序代码如下：

```java
abstract class Common
{    public int amount;
     public final double price=0.49;
     public Common(int amount)
     {    this.amount=amount;
     }
     public abstract void calculate();              //只给出方法头
}
class Winter extends Common
{    public Winter (int amount)
     {    super(amount);                            //调用父类构造方法
     }
     public void calculate()
     {    System.out.println("冬季电费: "+(amount*price+20*price)+"元");
                                                    //冬季电的损耗为20度
     }
}
class Summer extends Common
{    public Summer (int amount)
     {    super(amount);                            //调用父类构造方法
     }
     public  void calculate()
     {    System.out.println("夏季电费: "+amount*price+"元");   //夏季没有电损耗
     }
}
public class Elect_cost
{    public static void main(String args[])
     {    Winter x=new Winter(125);                 //冬季用电125度
          Summer y=new Summer(125);                 //夏季用电125度
          x.calculate();                            //计算电费
          y.calculate();                            //计算电费
     }
}
```

【运行结果】

冬季电费: 71.05 元
夏季电费: 61.25 元

【例 8-3】定义一个接口 Area，其中包含一个计算面积的抽象方法 calculateArea()，然后设计 Circle 和 Rectangle 两个类实现这个接口中的方法 calculateArea()，分别计算圆和矩形的面积。

【解析】接口中的方法默认为 public abstract，所以 Area 中的方法 calculateArea()前可以不用 public abstract 修饰。

Circle 只需要成员变量 radius 表示半径，而 Rectangle 类需要两个成员变量 width 和 height 分别表示宽和高。

【答案】程序代码如下：

```
interface Area
{   float calculateArea();
}
class Circle implements Area
{   float radius;
    public  Circle(float r)
    {   this.radius=r;
    }
    public float calculateArea()
    {   return 3.14159f*radius*radius;
    }
}
class Rectangle implements Area
{   float width;
    float height;
    public Rectangle(float w,float h)
    {   this.width=w;
        this.height=h;
    }
    public float calculateArea()
    {   return width*height;
    }
}
public class InterfaceTest
{   public static void main(String args[])
    {   Circle circle=new Circle(5);
        System.out.println("Circle Area="+circle.calculateArea());
        Rectangle rect=new Rectangle(12,6);
        System.out.println("Rectangle Area="+rect.calculateArea());
    }
}
```

【运行结果】

```
Circle Area=78.53975
Rectangle Area=72.0
```

【例 8-4】定义 Biology（生物）、Animal（动物）、Man（人）3 个接口，其中 Biology 声名了 breath()抽象方法，Animal 接口声明了 hasSex()和 eat()抽象方法，Man 接口声明了 think()和 study()抽象方法。定义 NormalMan 类实现上述 3 个接口，实现它们声明的抽象方法（仅显示相应的功能信息）。

【解析】在 Java 中，类只允许单重继承，但一个类可以实现多个接口，从而达到多重继承的目的。

在 Biology、Animal 和 Man 接口中，仅声明抽象方法。NormalMan 类实现 Biology、Animal 和 Man 接口，必须实现其中声明的所有抽象方法。

【答案】程序代码如下：

```
interface Biology
```

```
{    abstract void breath();              //呼吸
}
interface Animal
{    abstract void hasSex();              //有性别
     abstract void eat();                 //吃饭
}
interface Man
{    abstract void think();               //思考
     abstract void study();               //学习
}
class NormalMan implements Man,Animal,Biology
{    private String name;
     NormalMan(String name)
     {    this.name=name;
     }
     public String getName()
     {    return name;
     }
     public void breath()
     {    System.out.println(name+" breathes with lungs");
     }
     public void hasSex()
     {    System.out.println(name+" has sex");
     }
     public void eat()
     {    System.out.println(name+" eats food");
     }
     public void think()
     {    System.out.println(name+" thinks with brain");
     }
     public void study()
     {    System.out.println(name+" reads books");
     }
}
public class InterfaceExtend
{    public static void main(String args[])
     {    NormalMan zhang=new NormalMan("Zhang");
          zhang.breath();
          zhang.hasSex();
          zhang.think();
          zhang.study();
     }
}
```

【运行结果】

```
Zhang breathes with lungs
Zhang has sex
Zhang thinks with brain
Zhang reads books
```

【例 8-5】查看下面程序，指出并改正其错误。

```
import java.io.*;
```

```
package myPackage;
class ClassOne
{   public void display()
    {    System.out.println("ClassOne");
    }
}
class ClassTwo
{   public void display()
    {    System.out.println("ClassTwo");
    }
}
```

【解析】package 声明必须是程序中的首条语句，import 语句在 package 语句之后。

【答案】程序代码如下：

```
//改正后的程序
package myPackage;
import java.io.*;
class ClassOne
{   public void display()
    {    System.out.println("ClassOne");
    }
}
class ClassTwo
{   public void display()
    {    System.out.println("ClassTwo");
    }
}
```

【例 8-6】判断下面程序是否正确，如果有错，那么是哪些成员变量或方法的定义或访问有错？

（1）X1.java

```
package sampPackge1;
class X1
{   private int x;
    protected void setX(int i)
    {   x=i;
    }
    protected int getX()
    {   return x;
    }
}
```

（2）X2.java

```
package sampPackge2;
import sampPackge1.*;
public class X2
{   protected int i,j;
    X2(int i,int j)
    {   this.i=i;
        this.j=j;
    }
    X1 h=new X1();
    public void show()
```

```
    {    h.setX(12);
         i=h.getX();
         j=h.x;
         System.out.println("输出结果是"+i+"="+j);
    }
}
```

（3）Test.java

```
import sampPackge1.X1;              //导入 sampPackge1 包中类 X1
import sampPackge2.X2;              //导入 sampPackge2 包中类 X2
class pratice
{    public static void main(String args[])
    {    X2 g=new X2(5,10);
         g.show();
    }
}
```

【解析】类 X1 位于包 sampPackge1 中，定义为默认型，不能在其他包中引用。要在 sampPackge2 中引用 X1，必须将 X1 定义为 public 型。

X1 中的 getX() 和 setX() 方法定义为 protected 型，不能在其他包中引用（子类除外）。要在 sampPackge2 中引用 getX() 和 setX()，必须将 getX() 和 setX() 定义为 public 型。

X1 中的属性 x 声明为 private 型，不能在 X1 外访问，要在 sampPackge2 中访问 x，必须将 x 声明为 public 型。

类 X2 位于包 sampPackge2 中，其构造方法 X2() 定义为默认型，不能在其他包中引用。要在 Test（位于默认包，非 sampPackge2 包）中创建 X2 的对象，需要将构造方法 X2() 定义为 public 型。

【答案】修改后的程序代码如下：

```
//修改后的程序
//X1.java 文件
package sampPackge1;
public class X1
{    public int x;
     public void setX(int i)
     {    x=i;
     }
     public int getX()
     {    return x;
     }
}
//X2.java 文件
package sampPackge2;
import sampPackge1.*;
public class X2
{    protected int i,j;
     public X2(int i,int j)
     {    this.i=i;
          this.j=j;
     }
     X1 h=new X1();
     public void show()
     {    h.setX(12);
          i=h.getX();
          j=h.x;
```

```
            System.out.println("i="+i+",j="+j);
        }
    }
//Test.java 文件
import sampPackge1.X1;          //导入 sampPackge1 包中类 X1
import sampPackge2.X2;          //导入 sampPackge2 包中类 X2
class Test
{   public static void main(String args[])
    {   X2 g=new X2(5,10);
        g.show();
    }
}
```

【运行结果】

i=12,j=12

8.2　课后习题解答

【习题1】什么是抽象类？它的特点是什么？

【答案】抽象类：抽象类是只能用于子类继承的类。

特点：抽象类通常都包括一个或多个抽象方法（只有方法头，没有方法体），抽象类的子类必须实现其父类声明的每个抽象方法，除非该子类也是抽象类。

【习题2】什么是接口？它的特点是什么？

【答案】接口是由一些抽象方法和常量所组成的集合。

特点：

（1）接口可以定义多继承。多继承可以通过在 extends 后面使用多个父接口来实现。

（2）接口不存在最高层，与类的最高层为 Object 类是不同的。

（3）接口中的方法都是使用 abstract 修饰的方法。

（4）接口中的成员变量默认为 final 定义的常量。

【习题3】什么是包？包的作用是什么？

【答案】包（package）是 Java 语言提供的组织类和接口的机制，即包是一组相关类和接口的集合。同一包中的类在默认情况下可以相互访问。通常把需要在一起工作的类放在一个包中。

包的作用是为了防止名字空间的冲突，Java 对其成员变量和方法采用类似于 Internet 上的命名方式来定义。成员变量和方法是类的重要成分，在类中定义；而每个类又都是包的一部分，这样就可以使用包名、类名和类成员的层次结构，防止名字冲突。

【习题4】编写一个应用抽象类的程序。要求设计抽象类，设计继承抽象类并实现抽象类中抽象方法的子类。

【解析】定义抽象类 Bank，它包含有 fixedRate（一年定期利率）、debtRate（一年国债利率）和 interestRate（按年计算的活期利率）常数，count()方法及 show()方法。count()方法计算存款一年所得利息及缴利息税后的总金额（原存款额+税后利息），而 show()方法用于显示总金额。

由于定期存款、活期存款和国债的利率不同，此程序定义了 3 个类，分别表示这 3 种储蓄。每个类都继承抽象类 Bank，实现 Bank 中的 count()及 show()抽象方法，完成对利息和总金额的计算和显示功能。

注意：除国债外，定期存款和活期存款利息都要交纳 20%的个人所得税。

【答案】程序代码如下：

```java
abstract class Bank                                          //抽象类 Bank
{   protected static final float fixedRate=0.0178f;          //定期利率
    protected static final float debtRate=0.0198f;           //国债利率
    protected static final float interestRate=0.0078f;       //活期利率
    abstract void count();
    abstract void show();
}
class FixedBank extends Bank                                  //继承抽象类 Bank
{   private float saving;                                     //原存款金额
    private double sum;                                       //一年后的总金额
    FixedBank(float i)   {saving=i;count();}
    public void count()                                       //实现 count()方法
    {   sum=saving+(saving*Bank.fixedRate*0.8);              //税后总金额
    }
    public void show()                                        //实现 show()方法
    {   System.out.println("With fixedRate,sum="+sum);
    }
}
class DebtBank extends Bank
{   private float saving;
    private double sum;
    DebtBank(float i)   {saving=i;count();}
    public void count()
    {   sum=saving+(saving*Bank.debtRate);
    }
    public void show()
    {   System.out.println("With debtRate,sum="+sum);
    }
}
class InterestBank extends Bank
{   private float saving;
    private double sum;
    InterestBank (float i)    {saving=i;count();}
    public void count()
    {   sum=saving+(saving*Bank.interestRate*0.8);           //税后总金额
    }
    public void show()
    {   System.out.println("With interestRate,sum="+sum);
    }
}
Public class TestBank
{   public static void main(String args[])
    {   int mon=10000;
        FixedBank fbank=new FixedBank(mon);
        fbank.show();
        DebtBank dbank=new DebtBank(mon);
        dbank.show();
        InterestBank ibank=new InterestBank(mon);
        ibank.show();
    }
}
```

【运行结果】

```
With fixedRate,sum=10142.4
With debtRate,sum=10198.0
With interestRate,sum=10062.4
```

【习题 5】将习题 4 中的抽象类改写为接口，实现相同的功能。

【解析】定义接口 Bank，它包含有 fixedRate（一年定期利率）、debtRate（一年国债利率）和 interestRate（按年计算的活期利率）常数，count()及 show()抽象方法。count()方法计算存款一年所得利息及缴利息税后的总金额（原存款额+税后利息），而 show()方法用于显示总金额。接口中常量 fixedRate、debtRate 和 interestRate 前的 public static final 修饰可以省略。

由于定期存款、活期存款和国债的利率不同，此程序定义了 3 个类，分别表示这 3 种储蓄。每个类都实现接口 Bank，实现 Bank 中的 count()及 show()抽象方法，完成对利息和总金额的计算和显示功能。

注意：除国债外，定期存款和活期存款利息都要交纳 20%的个人所得税。

【答案】程序代码如下：

```
interface Bank                                       //定义 Bank 接口
{    float fixedRate=0.0178f;                         //下面是不同的存款利率
     float debtRate=0.0198f;
     float interestRate=0.0078f;
     abstract void count();                           //抽象方法
     abstract void show();
}
class FixedBank implements Bank                       //实现接口 Bank
{    private float saving;                            //原存款金额
     private double sum;                              //一年后的税后总金额
     FixedBank(float i)    {saving=i;count();}
     public void count()                              //实现 count()方法
     {    sum=saving+(saving*Bank.fixedRate*0.8);     //税后总金额
     }
     public void show()                               //实现 show()方法
     {    System.out.println("With fixedRate,sum="+sum);
     }
 }
class DebtBank implements Bank
{    private float saving;                            //原存款金额
     private double sum;                              //一年后的总金额
     DebtBank(float i)    {saving=i;count();}
     public void count()
     {    sum=saving+(saving*Bank.debtRate);          //总金额
     }
     public void show()
     {    System.out.println("With debtRate,sum="+sum);
     }
}
class InterestBank implements Bank
{    private float saving;                            //原存款金额
     private double sum;                              //一年后的税后总金额
```

```
        InterestBank(float i)    {saving=i;count();}
    public void count()
    {    sum=saving+(saving*Bank.interestRate*0.8);        //税后总金额
    }
    public void show()
    {    System.out.println("With interestRate,sum="+sum);
    }
}
class TestBank
{    public static void main(String args[])
    {    int mon=10000;
        FixedBank fbank=new FixedBank(mon);
      fbank.show();
      DebtBank dbank=new DebtBank(mon);
      dbank.show();
      InterestBank ibank=new InterestBank(mon);
      ibank.show();
    }
}
```

【运行结果】
```
With fixedRate,sum=10142.4
With debtRate,sum=10198.0
With interestRate,sum=10062.4
```

【习题 6】编写一个应用包的程序。要求定义包、导入并引用包中的类。

【解析】分别定义 MyClass1 类和 MyClass2 类，将这两个类组织在 mypackage 包中，保存到当前路径下的子目录 mypackage 中。

如果要引用这两个类，需要使用 import 导入它们。

注意：MyClass1.class 和 MyClass2.class 必须放置在当前路径下的子目录 mypackage 中。

【答案】程序代码如下：

```
//MyClass1.java 文件
package mypackage;                   //声明包 mypackage
public class MyClass1
{    protected static final int m=10;
    protected static final int n=20;
    public int sum()
    {    return m+n;
    }
}
//MyClass2.java 文件
package mypackage;                   //声明包 mypackage
public class MyClass2
{    protected  int x=10;
    protected  int y=20;
    public int multi()
    {    return x*y;
    }
}
```

```
//Play.java 文件
import mypackage.MyClass1;              //导入类 MyClass1
import mypackage.MyClass2;              //导入类 MyClass2
class Play
{    public static void main(String args[])
    {    MyClass1 c1=new MyClass1();
        System.out.println("Sum result is "+c1.sum());
        MyClass2 c2=new MyClass2();
        System.out.println("Multiply result is "+c2.multi());
    }
}
```

【运行结果】

```
Sum result is 30
Multiply result is 200
```

第 9 章　异常处理

9.1　典型例题解析

【例 9-1】列举一些经常出现的标准 Java 异常。

【答案】标准 Java 异常类位于 java.XXX 包和 javax.XXX 包中，比如 java.lang、java.awt、java.io、java.net、java.nio、java.rmi、java.sql、java.security、java.util、javax.servlet、javax.xml、javax.swing、javax.security 以及它们的下级包中。常见的标准 Java 异常类有：

空指针：java.lang.NullPointerException。

被 0 除：java.lang.ArithmeticException。

非法造型：java.lang.ClassCastException。

字符串越界：java.lang. IndexOutOfBoundsException。

字符串转换为数值时候的格式异常：java.lang.NumberFormatException。

输入输出流异常：java.lang.IOException。

无法找到文件异常：java.lang. FileNotFoundException。

【例 9-2】在不提供垃圾收集功能的语言中，finally 子句的一个很大作用是释放内存并把对应的内存指针置为空，但是 Java 语言提供了垃圾收集功能，那么 Java 语言中 finally 的作用是什么呢？

【答案】无论 try{}块中的代码是否抛出异常，finally 子句都会执行，因此它很适合处理一些清理工作，如释放资源、复位标志等。

【例 9-3】计算 n!并捕获可能出现的异常。

【解析】如果通过命令行输入整数 n，可能出现的异常包括以下两类。

ArrayIndexOutOfBoundsException：如果运行程序时命令行没有提供参数，程序中引用 args[0]将触发 ArrayIndexOutOfBoundsException 类异常。

NumberFormatException：如果运行程序时命令行提供的参数不能转换成 int 数据，程序中调用 Integer.parseInt(args[0])方法将触发 NumberFormatException 类异常。

另外，如果命令行提供的 n 是负数，也无法计算 n!。为此，程序中还对 n 的正负进行判断。如果 n 是负数，在 multi()方法中抛出 IllegalArgumentException 类异常，所以还需要对 IllegalArgumentException 类异常进行捕获。

【答案】程序代码如下：

```
public class MultiException
{ public static double multi(int n)
    {  if(n<0) throw new IllegalArgumentException("输入了负数异常");
       double s=1;
       for(int i=1;i<=n;i++) s=s*i;
       retur n s;
    }
    public static void main(String args[])
    {  Try
       { int n=Integer.parseInt(args[0]);
          System.out.println(n+"!="+multi(n));
       }
       catch (ArrayIndexOutOfBoundsException e)
       {  System.out.println("应该输入一个整数");
       }
       catch (NumberFormatException e2)
       {  System.out.println("应该输入一个数");
       }
       catch (IllegalArgumentException e3)
       {  System.out.println("出现的异常为："+e3.toString());
       }
       Finally
       {  System.out.println("计算阶乘结束");
       }
    }
}
```

【运行结果】

```
java MultiException 4
4!=24.0
计算阶乘结束
java MultiException -6
```
出现的异常为：java.lang.IllegalArgumentException：输入了负数异常
计算阶乘结束
```
java MultiException
```
应该输入一个整数
计算阶乘结束
```
java MultiException df
```
应该输入一个数
计算阶乘结束

【例 9-4】下列程序能否捕获到异常？

```
class Exception1
{  public static void main(String args[])
    {  int c[]={1,2,3,4},sum=0;
       try
       {  for(int i=0;i<5;i++) sum=sum+c[i];        // A 行    数组下标越界
          System.out.println("sum="+sum);
       }
```

```
        catch(ArrayIndexOutOfBoundsException e)
        {  System.out.println(e+", 在A行");      //捕获异常
        }
    }
}
```

【解析】该程序能通过编译，但运行时出现以下信息：

`java.lang.ArrayIndexOutOfBoundsException: 4, 在A行`

这是由于数组 c 只有 4 个元素，最大元素下标是 3，对应元素 a[3]。但 A 行中要访问 a[4]，触发 ArrayIndexOutOfBoundsException 异常，被捕获到。后面的语句 System. out.println("sum="+sum)没有执行。如果将 A 行更改为：

`for(int i=0;i<4;i++) sum=sum+c[i];  //A行    数组下标越界`

再运行程序，就不会出现异常了。

【运行结果】

更改后，程序的运行结果如下：

`sum=10`

【例 9-5】分析下列程序中的捕获异常功能。

```
import java.io.*;
class Exception2
{   public static void main(String args[])
    { BufferedReader br =new BufferedReader(new InputStreamReader(System.in));
                                //程序运行时，通过键盘输入字符串

        int a;
        String s;
        try
        {  s=br.readLine();             //通过键盘输入字符串
            a=Integer.parseInt(s);      //将字符串转换为整数
            System.out.println(a);
        }
        catch(NumberFormatException  e)   //捕获异常
        {  System.out.println(e);
        }
        catch(IOException e)
        {  System.out.println(e);
        }
    }
}
```

【解析】该程序能通过编译。程序运行时，如果键盘输入的是整数，不会出现异常；但是如果键盘输入的是非整数，运行 Integer.parseInt(s)将出现 NumberFormatException 类异常。

【运行结果】

```
java Exception2
24
24
java Exception2
13.5
java.lang.NumberFormatException: For input string: "13.5"
```
（键盘输入 13.5，出现 NumberFormatException 类异常。）

【例 9-6】下列程序能否捕获到 ArithmeticException 类异常？

```java
import java.io.*;
class RunException
{ public static void main(String args[])
   { BufferedReader br =new BufferedReader(new InputStreamReader(System.in));
                                            //通过键盘输入数据
     int a=2,b=2;
     String s;
     try
     { System.out.println("请输入第一个整数: ");
       s=br.readLine();                     //读取数据
       a=Integer.parseInt(s);               //将字符串转换为整数
       System.out.println("请输入第二个整数: ");
       s=br.readLine();
       b=Integer.parseInt(s);
     }
     catch(NumberFormatException e)         ///捕获异常
     { System.out.println(e);
     }
     catch(IOException  e)                  //捕获异常
     { System.out.println(e); "}
     }
     try
     {   System.out.println(a/b);   "}
     }
     catch(ArithmeticException e)
     { System.out.println(e+"输入数据出错");
     }
   }
}
```

【解析】该程序能通过编译。程序运行时，如果键盘输入两个整数，并且第二个整数非 0，不会触发 ArithmeticException 类异常；但是如果输入的第二个整数是 0，运行 System.out.println(a/b)将触发 ArithmeticException 类异常。

【运行结果】

```
java RunException
请输入第一个整数:
12
请输入第二个整数:
0
java.lang.ArithmeticException: / by zero输入数据出错
java RunException
请输入第一个整数:
12
请输入第二个整数:
3
4
```

9.2　课后习题解答

【习题 1】何为异常？为什么要进行异常处理？

【答案】异常指程序运行过程中出现的非正常现象，如用户输入错误、除数为零等。

由于异常情况总是难免的，良好的应用程序除了具备用户所要求的基本功能外，还应该具备预见并处理可能发生的各种异常的功能。为了使程序具有较强的容错能力，就引入了异常处理技术。所以，开发应用程序时要充分考虑各种意外情况，使程序具有较强的容错能力。这种对异常情况进行处理的技术称为异常处理。

【习题 2】Error 与 Exception 类有何不同？

【答案】Error 类及其派生的子类具有特征：它们处理的是较少发生的系统内部错误，程序员通常对它们无能为力，只能在其发生时由用户按照系统提示关闭程序。

Exception 类及其派生的子类具有特征：它们解决的是由程序本身及环境所产生的异常，它们可以被捕获并进行相应的处理。

【习题 3】什么是抛出异常？如何抛出异常？

【答案】抛出异常是指当程序运行出现错误情况时，系统产生与该错误对应的异常类对象。异常类对象中包含了必要信息，如所发生的异常类型及异常发生时程序的运行状态。当生成的异常类对象传递给 Java 运行时系统时，将由相应的机制进行处理，以确保不会产生非正常中断情况。

当正在运行的程序中出现异常时，系统将产生对应的异常类对象，程序段（如方法）应该对该类异常进行捕获和处理，以确保程序不会非正常中断。但是如果程序段或方法没有对该类异常进行捕获和处理，应该通过 throw 语句或 throws 选项将异常抛出，让上级程序段如调用该方法的其他方法进行捕获和处理。

【习题 4】设计一个程序，其功能是从命令行输入整数字符串，再将该整数字符串转换为整数，输入的数据可能具有以下格式：

```
12345
123  45
123xyz456
```

对这种异常进行捕获和处理。

【解析】程序通过命令行输入字符串，有产生 IOException 类异常的可能，所以程序使用 catch(IOException e)来捕获这类可能被触发的异常，并且输出提示信息。而将字符串转换为整数的时候，有可能会触发 NumberFormatException 类异常，程序中使用 catch(NumberFormatException ne)来捕获这类可能被触发的异常，并且提示用户输入格式有错。

【答案】程序代码如下：

```java
import java.io.*;
public class UseException
{   public static void main(String args[])
    {   System.out.println("请输入一个整数字符串");
        try
        {                                        //此处可能触发 IOException 类异常
            BufferedReader in=new BufferedReader(new InputStreamReader
(System.in));
```

```
        int a=Integer.parseInt(in.readLine());
                            //此处可能触发 NumberFormatException 类异常
        System.out.println("您输入的整数是: "+a);
    }
    catch(IOException e)                //捕获 IOException 类异常
    {   System.out.println("IO 错误");
    }
    catch(NumberFormatException ne)   //捕获 NumberFormatException 类异常
    {   System.out.println("您输入的不是一个整数字符串");
    }
}
}
```

【运行结果】

java UseException
请输入一个整数字符串
123
您输入的整数是 123
java UseException
请输入一个整数字符串
123xyz456
您输入的不是一个整数字符串

【习题 5】设计方法 boolean prime(int n)，用来判断整数 n 是否为素数，若是素数，返回 true；若不是素数，则返回 false；若 $n<0$，则抛出 ArgumentOutOfBoundException 类异常。

【解析】程序中自定义了一个异常类 ArgumentOutOfBoundException，用于处理输入整数小于零的情况。UseDefineException 类中定义了方法 prime()，用于判断整数 n 是不是素数。如果 n 小于零，则抛出自定义的异常 ArgumentOutOfBoundException。在 main()方法中，通过命令行读入整数 m，调用方法 prime()判断 m 是否为素数，同时捕获并处理可能被抛出的异常 ArgumentOutOfBoundException，最后输出判断结果。

【答案】程序代码如下：

```
public class UseDefineException
{   public static boolean prime(int n) throws ArgumentOutOfBoundException
    {   if(n<0)
        { ArgumentOutOfBoundException ae=new ArgumentOutOfBoundException();
          throw ae;                              //抛出这个异常
        }
        else
        { boolean isPrime=true;
          for(int i=2;i<n;i++)
            if(n%i==0)
            { isPrime=false;
              break;
            }
          return isPrime;
        }
    }
    public static void main(String args[])
    {   if(args.length!=1)                        //输入格式错误
```

```
          { System.out.println("输入格式错误！请按照此格式输入:java UseDefineExcep
tion m");
             System.exit(0);                                //输入格式错误，系统退出！
          }
          int m=Integer.parseInt(args[0]);          //转换为整数
          try
          { boolean result=prime(m);                    //调用方法判断是否是素数
             System.out.println("对您输入的整数"+m+"是否为素数的判断结果是: "+result);
          }
          catch(ArgumentOutOfBoundException e)      //捕捉可能抛出的异常
          { System.out.println("异常名称: "+e.toString());
          }
      }
}
class ArgumentOutOfBoundException extends Exception //自定义异常类
{    ArgumentOutOfBoundException()
      {    System.out.println("输入错误！欲判断的数不能为负!");
      }
}
```

【运行结果】

java UseDefineException 3
对您输入的整数 3 是否为素数的判断结果是: true
java UseDefineException -3
输入错误！欲判断的数不能为负！
异常名称: ArgumentOutOfBoundException

10.1 典型例题解析

【例 10-1】把 double 和 boolean 型量写入一个文件中，然后再把它们从文件中读出显示在标准输出设备。

【解析】要向文件中写入各种类型的数据，可以使用 DataOutputStream 流：

```
new DataOutputStream(new FileOutputStream("文件名"))
```

要从文件中读出各种类型的数据，可以使用 DataInputStream 流：

```
new DataInputStream(new FileInputStream("文件名"))
```

【答案】程序代码如下：

```
//DataOutput.java
import java.io.*;
public class DataOutput
{   public static void main(String args[]) throws Exception
    {   DataOutputStream out=new DataOutputStream(new FileOutputStream("Data.
txt"));
        out.writeDouble(3.14159);
        out.writeBoolean(true);
        out.close();
        DataInputStream in=new DataInputStream(new FileInputStream("Data.txt"));
        System.out.println(in.readDouble());
        System.out.println(in.readBoolean());
    }
}
```

【运行结果】

```
java DataOutput
3.14159
true
```

【例 10-2】将两个文本文件中的内容合并到另一个文本文件中。

【解析】采用输入字符流 FileReader 读出源文件内容，采用输出字符流 FileWriter 将源文件内容写入目标文件。

【答案】程序代码如下：

```
import java.io.*;
class JoinFile
```

```
{   public static void main(String args[]) throws IOException
    {   FileReader inOne,inTwo;
        FileWriter out;
        int ch;
        if(args.length!=3)
        {   System.out.println("Usage: java JoinFile source1 source2 target ");
            return;
        }
        inOne=new FileReader(new File(args[0]));
        inTwo=new FileReader(new File(args[1]));
        out=new FileWriter(new File(args[2]));
        while((ch=inOne.read())!=-1)
            out.write(ch);                    //将文件 1 中的内容读出并写入目标文件中
        while((ch=inTwo.read())!=-1)
            out.write(ch);                    //将文件 2 中的内容读出并写入目标文件中
        inOne.close();                        //关闭输入字节流
        inTwo.close();
        out.close();                          //关闭输出字节流
    }
}
```

【运行结果】

```
java JoinFile Example.java result.txt javaprogram.txt
```

源文件 Example.java 和 result.txt 及目标文件 javaprogram.txt 内容分别如图 10-1（a）、图 10-1（b）和图 10-1（c）所示。

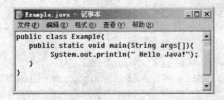

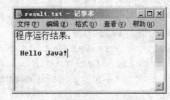

（a）源文件 Example.java　　　　　　　　　　　　　　（b）源文件 result.txt

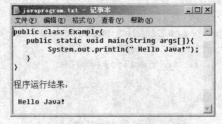

（c）目标文件 javaprogram.txt

图 10-1　文件内容

【例 10-3】使用 PrintWriter 类在屏幕上显示文本文件的内容。

【解析】使用 BufferedReader 类逐行读出文本文件内容，使用 PrintWriter 类将从文本文件读出的内容逐行在屏幕上显示。

【答案】程序代码如下：

```
import java.io.*;
```

```
class PrintText
{   public static void main(String args[]) throws IOException
    {   String str;
        BufferedReader in=new BufferedReader(new FileReader(args[0]));
        OutputStreamWriter outfile=new OutputStreamWriter(System.out);
        PrintWriter out=new PrintWriter(new BufferedWriter(outfile));
        while((str=in.readLine())!=null)
        {   out.println(str);//调用PrintWriter类的println()方法在屏幕上显示字符串
            out.flush();
        }
    }
}
```

【运行结果】

java PrintText result.txt   (注：result.txt 的内容见例 10-2)
Hello Java!

【例 10-4】采用 ObjectOutputStream 流方式将对象数据保存到文件中。

【解析】利用 ObjectOutputStream 类可以将基本数据类型及整个对象数据写入文件。为了将对象数据写入文件，对象所属的类要实现 Serializable 接口，也可以通过 ObjectInputStream 流读取所写入文件中的对象数据。

【答案】程序代码如下：

```
import java.io.*;
class Message implements Serializable
{   String name;
    int year;
    String address;
    public Message(String n,int y,String addr)
    {   name=n;
        address=addr;
        year=y;
    }
    public String toString()
    {   return name+"  "+year+"  "+address;
    }
}
class SerialWrite
{   public static void main(String args[])
    {   try
        {   FileOutputStream file=new FileOutputStream("message.txt");
            ObjectOutputStream out=new ObjectOutputStream(file);
            Message mess=new Message("张三",20,"西安市兴庆路");
            out.writeObject("Student Message");           //写入
            out.writeObject(mess);
        }
        catch(IOException e)
        {   System.out.println(e);
        }
    }
}
```

【例 10-5】将例 10-4 保存在文件中的对象数据，通过 ObjectInputStream 流读出并显示在屏幕上。

【解析】利用 ObjectInputStream 流可以读取写入文件中的对象数据，但对象所属的类要实现 Serializable 接口。

【答案】程序代码如下：

```java
import java.io.*;
class Message implements Serializable
{   String name;
    int year;
    String address;
    public Message(String n,int y,String addr)
    {   name=n;
        address=addr;
        year=y;
    }
    public String toString()
    {   return name+" "+year+" "+address;
    }
}
class SerialRead
{   public static void main(String args[])
    {   String str;
        try
        {   FileInputStream file=new FileInputStream("message.txt");
            ObjectInputStream in=new ObjectInputStream(file);
            str=(String)in.readObject();
            Message mess=(Message)in.readObject();
            System.out.println(str);
            System.out.println(mess.toString());
        }
        catch(IOException e)
        {   System.out.println(e);
        }
        catch(ClassNotFoundException er)
        {   System.out.println(er);
        }
    }
}
```

【运行结果】

```
Student Message
张三  20  西安市兴庆路
```

10.2 课后习题解答

【习题 1】何为流？根据流的方向，流可分为哪两种？

【答案】流是在计算机的输入、输出操作中流动的数据序列。

根据流的方向，可以分为输入流（input stream）和输出流（output stream）。输入流是从键盘、磁盘文件流向程序的数据流，为程序提供输入信息。输出流是从程序流向显示器、打印机、磁盘文件的数据流，实现程序的输出功能。

【习题 2】InputStream、OutputStream、Reader 和 Writer 类的功能有何异同？

【答案】InputStream 类中包含了一套所有输入流都需要的方法，可以完成最基本的输入流功能。InputStream 类是一个抽象类，实际应用中创建该类的某个子类的对象，通过其子类对象与外设数据源连接。

OutputStream 类中包含所有输出流都要使用的方法。同样，OutputStream 类也是一个抽象类，实际应用中创建其某个子类的对象，通过该对象实现与外设的连接。

Reader 类用来以字符方式读取数据，其中包含了一套所有字符输入流都需要的方法，可以完成最基本的字符输入流功能。Reader 类也是一个抽象类，实际应用中创建 Reader 类的某个子类的对象，通过该子类对象与外设数据源连接。

Writer 类用来以字符方式写入数据，其中包含了一套所有字符输出流都需要的方法，可以完成最基本的字符输出流功能。同样，Writer 类也是一个抽象类，实际应用中创建 Writer 类的某个子类的对象，通过该对象与外设数据源连接。

【习题 3】方法 newLine()的作用是什么？

【答案】方法 newLine()的作用是向外设写入换行符。

【习题 4】编写一个程序，其功能是将两个文件的内容合并到一个文件中。

【解析】程序中首先为待合并的两个文件 file1.txt 和 file2.txt 建立 BufferedReader 类对象 f1 和 f2，再为合并以后的文件 unite.txt 建立 BufferedWriter 类对象 f3。在第一个循环语句中，程序将 file1 中的各行内容通过 s1=f1.readLine()读入字符串变量 s1 中，通过 f3.write(s1)将字符串变量 s1 中的内容写入合并后的文件 unite.txt 中。循环结束后关闭 f1。使用同样的方式，第二个循环语句将文件 file2 中的内容逐行写进合并后的文件 unite.txt 中，最后关闭 f2 和 f3，实现了将两个文件内容合并的功能。

【答案】程序代码如下：

```
import java.io.*;
public class UniteFile
{ public static void main(String args[])
  { try                       //为文件 file1.txt 建立 BufferedReader 对象
    { BufferedReader f1=new BufferedReader(new FileReader("file1.txt"));
                              //为文件 file2.txt 建立 BufferedReader 对象
      BufferedReader f2=new BufferedReader(new FileReader("file2.txt"));
                              //为合并以后的文件 unite.txt 建立 BufferedWriter 对象
      BufferedWriter f3=new BufferedWriter(new FileWriter("unite.txt"));
      String s1=f1.readLine();    //从文件 file1.txt 中读入一行
      while(s1!=null)
      { f3.write(s1);          //将此行字符串写入合并以后的文件
        f3.newLine();          //写入换行符
        s1=f1.readLine();      //再从 file1.txt 中读取一行，循环下去
      }
      f1.close();             //关闭文件 file1.txt 的输入流对象
      String s2=f2.readLine();    //从文件 file2.txt 中读入一行
      while(s2!=null)
      { f3.write(s2);          //将此行字符串写入合并以后的文件
        f3.newLine();
        s2=f2.readLine();
```

```
        }
        f2.close();                  //关闭文件 file2.txt 的输入流对象
        f3.close();                  //关闭文件 unite.txt 的输出流对象
    }
    catch(FileNotFoundException fe)
    {   System.out.println(fe.toString());
    }
    catch(IOException ie)
    {   System.out.println(ie.toString());
    }
  }
}
```

【运行结果】如果文件 file1.txt 中的内容是：

```
123456789
I love you;
```

文件 file2.txt 中的内容是：

```
I am a student
How are you ?
```

执行命令 java UniteFile 以后，unite.txt 中的内容如下：

```
123456789
I love you;
I am a student
How are you ?
```

【习题 5】编写一个程序，分别统计并输出文本文件中元音字母 a，e，i，o，u 的个数。

【解析】程序定义了 5 个整型变量分别用来存储 5 个元音字母的个数。为待统计文件 file3.txt 建立 FileInputStream 类对象 fin。通过 ch=fin.read()将从文件读入的字节数据赋给变量 ch，再通过 char c=(char)ch 转换成字符。通过循环语句统计 5 个元音字母的个数，最后输出结果。

【答案】程序代码如下：

```java
import java.io.*;
public class StatVowel
{   public static void main(String args[])
    {                                //定义 5 个整型变量，用于存储 5 个元音字母的个数
        int numA=0,numE=0,numI=0,numO=0,numU=0;
        int ch;
        try                          //为文件 file3.txt 建立 FileInputStream 对象 fin
        {   FileInputStream fin=new FileInputStream(new File("file3.txt"));
            ch=fin.read();           //读入一个字节
            while(ch!=-1)
            {   char c=(char)ch;     //转换成字符
                switch(c)            //进行统计
                {   case 'a': numA+=1;  break;
                    case 'e': numE+=1;  break;
                    case 'i': numI+=1;  break;
                    case 'o': numO+=1;  break;
                    case 'u': numU+=1;  break;
                }
                ch=fin.read();
            }
            fin.close();             //关闭 fin
```

```
            System.out.println("文件中共有字母 a "+numA+"个, 字母 e "+numE+"个, 字
母 i "+numI+"个, 字母 o "+numO+"个, 字母 u "+numU+"个");
        }
        catch(FileNotFoundException fe)
        {   System.out.println(fe.toString());
        }
        catch(IOException ie)
        {   System.out.println(ie.toString());
        }
    }
}
```

【运行结果】如果文件 file3 中有如下内容：

RBufferedReader in=new BufferedReader(new FileReader("foo.in"));
will buffer the input from the specified file.Without buffering,each invocation of read() or readLine() could cause bytes to be read from the file, converted into characters,and then returned,which can be very inefficient. Programs that use DataInputStreams for textual input can be localized by replacing each DataInputStream with an appropriate BufferedReader.

执行命令 java StatVowel 的输出结果为：

文件中共有字母 a 30 个, 字母 e 53 个, 字母 i 24 个, 字母 o 17 个, 字母 u 15 个

【习题 6】编写程序实现以下功能：

（1）产生 5 000 个 1～9 999 之间的随机整数，将其存入文本文件 a.txt 中。

（2）从文件中读取这 5 000 个整数，并计算其最大值、最小值和平均值。

【解析】为文件 a.txt 创建了 DataOutputStream 类对象 dout，利用循环将生成的 5 000 个随机整数存入文件 a.txt 中。然后为文件 a.txt 创建 DataInputStream 类对象 din，使用循环将读出的整数存入数组 a 中。最后求出最大、最小和平均值并输出结果。

程序中定义了变量 max、min 分别用来存储最大和最小值，变量 total 用来存储 5 000 个随机整数的总和，目的是实现计算其平均值的功能。

【答案】程序代码如下：

```
import java.io.*;
public class SaveNumber
{   public static void main(String args[])
    {   int a[]=new int[5000];          //定义一个数组用来存储从文件读出的数据
        int max,min;
        long total=0;
        try
        { //为文件 a.txt 创建 DataOutputStream 类对象 dout
          FileOutputStream fout=new FileOutputStream(new File("a.txt"));
          DataOutputStream dout=new DataOutputStream(fout);
          for(int i=0;i<5000;i++)
          { dout.writeInt((int)(10000*Math.random()));//将 5000 个随机整数写入文件
          }
          dout.close();                              //关闭 dout
          //为文件 a.txt 创建 DataInputStream 类对象 din
          FileInputStream fin= new FileInputStream(new File("a.txt"));
          DataInputStream din=new DataInputStream(fin);
          for(int i=0;i<5000;i++)
          { a[i]=din.readInt();
```

```
        }
        din.close();
        max=a[0];
        min=a[0];
        for(int i=0;i<5000;i++)
        {   total+=a[i];
            if(a[i]>max)  max=a[i];
            if(a[i]<min)  min=a[i];
        }
        System.out.println("最大值是: "+max+",最小值是: "+min+",平均值是: "+
total*1.0/5000);
        }
        catch(FileNotFoundException fe)
        {  System.out.println(fe.toString());
        }
        catch(IOException ie)
        {  System.out.println(ie.toString());
        }
    }
}
```

【运行结果】

java SaveNumber

最大值是: 9999，最小值是: 1，平均值是: 5031

说明：由于 5000 个数是随机数，程序每次运行结果不同。

【习题 7】编程实现以下功能：

在屏幕上显示：输入姓名

然后将用户输入的姓名保存到文本文件中。重复进行，直到用户输入空字符串为止。

【解析】程序首先通过键盘读入字符串值，并存放在字符串变量 s 中，如果 s 的值不为空，则将 s 值写入文件，重复进行直到 s 的值为空。程序通过 BufferedWriter 类对象向文件 name.txt 中写入数据。

【答案】程序代码如下：

```
import java.io.*;
public class SaveName2File
{   public static void main(String args[])
    {   try
        {   BufferedReader br=new BufferedReader(new InputStreamReader(System.in));
            BufferedWriter bw=new BufferedWriter(new FileWriter("name.txt"));
            String s;
            while(true)
            {   System.out.println("输入姓名");
                s=br.readLine();
                if(s.length()==0)        break;
                bw.write(s);
                bw.newLine();
            }
            br.close();
            bw.close();
        }
```

```
        catch(FileNotFoundException fe)
        {  System.out.println(fe.toString());
        }
        catch(IOException ie)
        {    System.out.println(ie.toString());
        }
    }
}
```

【运行结果】

java SaveName2File

输入姓名

张三(回车)

输入姓名

李四(回车)

输入姓名

(直接回车，程序运行结束)

查看文件 name.txt，发现张三，李四存在于文件之中。

【习题 8】编程实现下列功能：

（1）从键盘输入姓名、学号、成绩，并保存到文本文件中。重复进行，直到输入空字符为止。

（2）从文件中读取各学生的成绩，并计算所有学生成绩的平均值、最大值和最小值。

【解析】首先为键盘建立 BufferedReader 类对象 br,然后为文件 C:\grade.txt 创建 BufferedWriter 类的对象 bw。通过 br 读入字符串 s，当字符串不是空时，将 s 写入文件中。关闭 br 和 bw。再为文件 C:\grade.txt 创建 BufferedReader 类对象 bf，通过循环从文件中读入字符串，因姓名、学号和成绩各占一行，故每个循环先读两行跳过姓名和学号，从第三行读入成绩。最后求出学生成绩中的最大、最小和平均值。

【答案】程序代码如下：

```
import java.io.*;
public class SaveGrade
{    public static void main(String args[])
    {    try
       { BufferedReader br=new BufferedReader(new InputStreamReader(System.
in));
         BufferedWriter bw=new BufferedWriter(new FileWriter("grade.txt"));
         String s;
         while(true)
         {  System.out.println("输入姓名");
            s=br.readLine();
            if(s.length()==0)  break;              //如果输入为空，则结束
            bw.write(s);
            bw.newLine();
            System.out.println("输入学号");
            s=br.readLine();
            bw.write(s);
            bw.newLine();
            System.out.println("输入成绩");
            s=br.readLine();
            bw.write(s);
            bw.newLine();
```

```
                }
                br.close();                          //关闭br
                bw.close();                          //关闭bw
                int max=0,min=100,total=0,num=0;
                BufferedReader bf=new BufferedReader(new FileReader("grade.txt"));
                while(true)
                {   String ss=bf.readLine();
                    if(ss==null)    break;           //如果为空，表明已无数据
                    ss=bf.readLine();                //连读读两行，跳过姓名和学号
                    ss=bf.readLine();                //取得成绩
                    int grade=Integer.parseInt(ss);  //转成整数
                    total+=grade;                    //求最大、最小和平均值
                    num+=1;
                    if(grade>max)  max=grade;
                    if(grade<min)  min=grade;
                }
                System.out.println("学生成绩中最高为: "+max+",最低为: "+min+",平均值为:
        "+total*1.0/num);
                bf.close();                          //关闭bf
            }
            catch(FileNotFoundException fe)
            {   System.out.println(fe.toString());
            }
            catch(IOException ie)
            {   System.out.println(ie.toString());
            }
        }
    }
```

【运行结果】

java SaveGrade
输入姓名
张三
输入学号
123
输入成绩
60
输入姓名
李四
输入学号
124
输入成绩
70
输入姓名
王五
输入学号
126
输入成绩
80
输入姓名
(直接回车，结束数据输入，开始处理数据)
学生成绩中最高为: 80,最低为: 60,平均值为: 70

说明：如果打开文件 grade.txt 可以看到以上输入的 3 组数据。

第11章 图形用户界面设计

11.1 典型例题解析

【例 11-1】编写一个程序，在屏幕上显示带标题的窗口，并添加一个按钮。当用户单击按钮时，结束程序。

【解析】具有事件处理功能的 GUI 程序需要导入 java.awt 和 java.awt.event 包中的类，并定义一个继承 Frame 的类，定义组件，为组件注册事件监听器，实现或覆盖监听器接口或适配器类中的方法，进行事件处理。

本例中，定义了 Button 组件 quit，quit 的监听器是实现 ActionListener 接口的 FirstFrame 类对象 this。FirstFrame 实现了 ActionListener 接口中的 actionPerformed()方法，其功能是结束程序运行。

【答案】程序代码如下：

```java
import java.awt.*;
import java.awt.event.*;
public class FirstFrame extends Frame implements ActionListener
{   private Button quit=new Button("退出");
    public FirstFrame()
    {   super("First Window");
        add(quit);
        quit.addActionListener(this);
        setSize(250,80);
        setVisible(true);
    }
    public void actionPerformed(ActionEvent e)
    {   System.exit(0);
    }
    public static void main(String args[])
    {   FirstFrame ff=new FirstFrame();
    }
}
```

【运行结果】程序运行界面如图 11-1 所示。如果单击"退出"按钮，关闭窗口，结束程序运行。

图 11-1　FirstFrame 运行界面

【例 11-2】编写一个窗口程序，窗口中有两个按钮和一个文本行。当单击第一个按钮时，结束程序运行；当单击第二个按钮时，文本行显示该按钮被单击的次数。

【解析】定义了 Button 组件 quit 和 click，及 TextField 组件 txf。quit 和 click 的监听器都是实现 ActionListener 接口的 ClickButton 类对象 this。ClickButton 实现了 ActionListener 接口中的 actionPerformed()方法。在 actionPerformed()中，通过 getSource()方法判断引起 ActionEvent 事件的事件源。如果事件源是 quit，结束程序运行；如果事件源是 click，首先给 count 变量的值加 1，再在 txf 文本行中显示 count 的值，即 click 被单击的次数。

【答案】程序代码如下：

```java
import java.awt.*;
import java.awt.event.*;
public class ClickButton extends Frame implements ActionListener
{   private Button quit=new Button("退出");
    private Button click=new Button("单击");
    private TextField txf=new TextField("还未单击按钮");
    private int count=0;
    public ClickButton()
    {   super("Click Button");
        setLayout(new FlowLayout());
        add(quit);
        add(click);
        add(txf);
        quit.addActionListener(this);
        click.addActionListener(this);
        setSize(250,100);
        setVisible(true);
    }
    public void actionPerformed(ActionEvent e)
    {   if(e.getSource()==quit)        System.exit(0);
        else if(e.getSource()==click)
        { count++;
          txf.setText("单击了"+Integer.toString(count)+"次");
        }
    }
    public static void main(String args[])
    {   ClickButton cb=new ClickButton();
    }
}
```

【运行结果】程序运行界面如图 11-2 所示。如果单击"退出"按钮，关闭窗口，结束程序运行。

（a）初始界面　　　　　　　　　　（b）单击"单击"按钮 4 次后的界面

图 11-2　ClickButton 运行界面

【例 11-3】编写一窗口程序，实现以下功能：

当用户按下 q 键或单击窗口关闭按钮时，结束程序运行；当用户按其他字符键时，在屏幕上显示被按下的字符。

【解析】要对键盘按键响应，需要对 KeyEvent 事件监听。KeyEvent 事件监听器是实现 KeyListener 接口的类对象，该类要实现 KeyListener 接口中的抽象方法 keyPressed()、keyReleased() 和 keyTyped()。

要响应关闭窗口操作，需要对 WindowEvent 事件监听。WindowEvent 事件监听器是实现 WindowListener 接口的类对象，该类要实现 WindowListener 接口中的抽象方法 windowClosing()、windowClosed()、windowDeactivated()、windowActivated()、windowIconified()、windowDeiconified() 和 windowOpened()。

本例中，内部类 KeyHandler 实现 KeyListener 接口，并实现其中的抽象方法 keyPressed()、keyReleased() 和 keyTyped()。KeyHandler 的对象担任 KeyEvent 事件的监听器。外部类 WindowHandler 实现 WindowListener 接口，并实现其中的 7 个抽象方法。WindowHandler 的对象 handler 担任 WindowEvent 事件的监听器。

监听器所属类可以定义为内部类（如 KeyHandler）、外部类（如 WindowHandler）或匿名类，其效果相同。监听器所属类不需要构造方法。

【答案】程序代码如下：

```
import java.awt.*;
import java.awt.event.*;
public class MultiEvent extends Frame
{   private WindowHandler handler=new WindowHandler();
    public MultiEvent()
    {   super("MultiEvent");
        setLayout(new FlowLayout());
        addKeyListener(new KeyHandler());
        addWindowListener(handler);
        setSize(250,100);
        setVisible(true);
    }
    public static void main(String args[])
    {   MultiEvent me=new MultiEvent();
    }
class KeyHandler implements KeyListener
{   public void keyPressed(KeyEvent e)
    {
        if(e.getKeyChar()=='q')    System.exit(0);
    }
```

```
            public void keyReleased(KeyEvent e)
            {}
            public void keyTyped(KeyEvent e)
            {  System.out.println(e.getKeyChar()+"is pressed!");
            }
        }
    }
    class WindowHandler implements WindowListener
    {   public void windowClosing(WindowEvent e)
        {    System.exit(0);
        }
        public void windowClosed(WindowEvent e)
        {}
        public void windowActivated(WindowEvent e)
        {}
        public void windowDeactivated(WindowEvent e)
        {}
        public void windowIconified(WindowEvent e)
        {}
        public void windowDeiconified(WindowEvent e)
        {}
        public void windowOpened(WindowEvent e)
        {}
    }
```

【例 11-4】编写一个窗口程序，包含一个文本行、两个按钮和一个文本区。当用户单击第一个按钮时，将文本行中的文本添加到文本区；当用户单击第二个按钮时，添加一个换行符后，将文本行中的文本添加到文本区。

【解析】要对第一个按钮 add 和第二个按钮 addln 的单击操作（触发 ActionEvent 事件）进行响应，要对其注册 ActionEvent 事件监听器。事件监听器由实现 ActionListener 接口的 Texts 类对象 this 担任。Texts 类实现了 ActionListener 接口中的 actionPerformed()方法。在 actionPerformed()方法中，通过 getSource()获得事件源。如果事件源是 add，仅将文本行 txf 中的文本添加到文本区 txa 中；如果事件源是 addln，首先在 txa 中添加一换行符，再将 txf 中的文本添加到 txa 中。

要对窗口关闭操作进行响应，需要对其注册 WindowEvent 事件监听器。事件监听器由继承 WindowAdapter 适配器类的内部类 WindowHandler 的对象担任。WindowHandler 覆盖了 WindowAdapter 中的 windowClosing()方法，用户单击窗口关闭按钮时，结束程序运行。

为了使窗口内组件排列整齐、美观，程序中使用了面板 Panel 组件 pal。类似 Frame，Panel 也是一种容器类，可以包含 Button、TextField 和 List 等组件，可以设置版面。将其他组件放入 Panel 组件后，再将 Panel 组件嵌入窗口，易于实现窗口内组件的合理布局。

【答案】程序代码如下：

```
import java.awt.*;
import java.awt.event.*;
public class Texts extends Frame implements ActionListener
{    private TextField txf=new TextField();
     private TextArea txa=new TextArea();
     private Button add=new Button("Add");
     private Button addln=new Button("AddLn");
```

```
public Texts()
{     super("Texts");
      Panel pal=new Panel();
      pal.setLayout(new BorderLayout());
      pal.add(add,BorderLayout.WEST);
      pal.add(txf,BorderLayout.CENTER);
      pal.add(addln,BorderLayout.EAST);
      setLayout(new BorderLayout());
      add(pal,BorderLayout.NORTH);
      add(txa,BorderLayout.CENTER);
      add.addActionListener(this);
      addln.addActionListener(this);
      addWindowListener(new WindowHandler());
      setSize(300,200);
      setVisible(true);
}
public static void main(String args[])
{     Texts me=new Texts();
}
public void actionPerformed(ActionEvent e)
{     if(e.getSource()==add)      txa.append(txf.getText());
      else if(e.getSource()==addln)     txa.append("\n"+txf.getText());
}
class WindowHandler extends WindowAdapter
{     public void windowClosing(WindowEvent e)
      {   System.exit(0);
      }
}
}
```

【运行结果】程序运行界面如图 11-3 所示。如果单击窗口关闭按钮，结束程序运行。

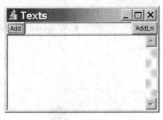

（a）初始界面

（b）添加文本后的界面

图 11-3 Texts 运行界面

【例 11-5】编程实现：在窗口中用不同颜色绘制椭圆、圆、圆弧和文本。

【解析】继承 Frame 的类，图形绘制在 paint()方法中进行。

通过 drawOval(20,40,30,50)绘制椭圆，椭圆中心位于(20,40)，短径（水平方向）和长径（垂直方向）分别为 30 和 50；通过 drawOval(85,35,90,90)绘制圆，圆心位于(85,35)，半径为 90；通过 drawArc(20,90,40,50,0,-150)绘制圆弧，圆弧中心位于(20,90)，短径（水平方向）和长径（垂直方向）分别为 40 和 50，圆弧角从 0 度到-150 度（顺时针为负）；通过 fillArc(20,160,40,50,0,180)绘制填充圆弧，圆弧中心位于(20,160)，短径和长径分别为 40 和 50，圆弧角从 0 度到 180 度（逆时针为正）；通过 drawString("Painting",100,80) 从(100,80)点开始，显示字符串 Painting。

图形颜色通过 setColor()设置。

要对窗口关闭操作进行响应，需要对其注册 WindowEvent 事件监听器。 事件监听器由继承 WindowAdapter 适配器类的匿名类对象担任。匿名类覆盖了 WindowAdapter 中的 windowClosing() 方法，用户单击窗口关闭按钮时，结束程序运行。

【答案】程序代码如下：

```java
import java.awt.*;
import java.awt.event.*;
public class Drawing extends Frame
{   public Drawing()
    {   super("Drawing");
        addWindowListener(new WindowAdapter()
        {   public void windowClosing(WindowEvent e)
            {   System.exit(0);
            }
        });
        setSize(200,200);
        setVisible(true);
    }
    public static void main(String args[])
    {   Drawing dr=new Drawing();
    }
    public void paint(Graphics g)
    {   g.setColor(Color.red);
        g.drawOval(20,40,30,50);
        g.setColor(Color.green);
        Font fnt=new Font("dialog",Font.ITALIC+Font.BOLD,15);
        g.setFont(fnt);
        g.drawString("Painting",100,80);
        g.setColor(Color.blue);
        g.drawOval(85,35,90,90);
        g.setColor(Color.pink);
        g.drawArc(20,90,40,50,0,-150);
        g.setColor(Color.black);
        g.fillArc(20,160,40,50,0,180);
    }
}
```

图 11-4　Drawing 运行界面

【运行结果】程序运行界面如图 11-4 所示。

11.2　课后习题解答

【习题 1】制作图形界面需要导入哪些包？

【答案】图形界面即图形用户界面（Graphics User Interface，GUI）。在图形界面上，借助菜单、按钮、标签等组件和鼠标完成对计算机发出指令、启动应用程序等操作任务。

AWT 类是用来处理图形最基本的方式，可用来创建 Java 的 Applet 及窗口。Java 将 AWT 类放置在 java.awt 包中。

功能更强的 Swing 类库包含大部分与 AWT 对应的组件，存放在 javax. swing 包中。

要进行事件处理，需要导入 java.awt.event 包中的类，所以制作图形界面时，需要导入 java.awt、javax. swing 及 java.awt.event 包中的类。

【习题 2】简述事件处理机制。

【答案】从 JDK1.1 之后，Java 采用委托事件模型。当事件发生时，事件源将事件对象传递给事件监听器处理。

事件处理基本过程如下：

（1）在程序中，向事件源注册事件监听器。

（2）程序运行过程中，用户在事件源上引发某种事件时，Java 产生事件对象。

（3）事件源将事件对象传递给事件监听器。

（4）事件监听器根据事件对象的种类，调用相应的事件处理方法进行事件处理。

【习题 3】设计程序实现：一个窗口包含文本行和标签，在文本行中输入一段文字并按【Enter】键后，这段文字将显示在标签上。

【解析】用内部类 ActionListener1 的对象监听文本行 text 上的 ActionEvent 事件，所以 ActionListener1 要实现 ActionListener 接口，实现其中的 actionPerformed()方法。当在 text 中输入完文本，并按【Enter】键后，执行 actionPerformed()方法，通过 label.setText(text.getText())使 text 中的文本显示在标签 label 中。

用内部类 WindowAdapter1 的对象监听窗口的 WindowEvent 事件，所以 WindowAdapter1 要继承 WindowAdapter 类，覆盖其中的 windowClosing()方法。当关闭窗口时，执行 windowClosing()方法，结束程序。

【答案】程序代码如下：

```
import java.awt.*;
import java.awt.event.*;
public class ShowText1 extends Frame
{   private TextField text=new TextField();              //创建用于文字输入的文本行
    private Label label=new Label("请输入文字");          //创建用于文字显示的标签
    public ShowText1()
    {  super("Show Text");
       setLayout(new BorderLayout());
       label.setAlignment(Label.CENTER);
       add(text,BorderLayout.NORTH);
       add(label,BorderLayout.CENTER);
       text.addActionListener(new ActionListener1());
       addWindowListener(new WindowAdapter1());
       setSize(200,150);
       setVisible(true);
    }
    class ActionListener1 implements ActionListener
    {  public void actionPerformed(ActionEvent e)
       {  label.setText(text.getText());
       }
    }
    class WindowAdapter1 extends WindowAdapter
```

```
{ public void windowClosing(WindowEvent e)
{   System.exit(0);
}
}
public static void main(String args[])
{   ShowText1 show=new ShowText1();
}
}
```

【运行结果】程序运行界面如图 11-5 所示。

（a）初始界面

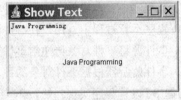

（b）输入文本后的界面

图 11-5   ShowText1 运行界面

事件监听器也常常利用匿名类实现。所谓匿名类，是指建立类对象时不需要类名。例如，可以通过下列 ShowText 类实现与 ShowText1 类同样的功能。ShowText 和 ShowText1 类的不同之处如下：

（1）在 ShowText1 类中，文本行 text 的 ActionEvent 事件监听器由实现 ActionListener 接口的内部类 ActionListener1 的对象担任。而在 ShowText 类中，文本行 text 的事件监听器由实现 ActionListener 接口的无名类对象担任。

（2）在 ShowText1 类中，窗口的 WindowEvent 事件监听器由继承 WindowAdapter 类的内部类 WindowAdapter1 的对象担任。而在 ShowText 类中，窗口的 WindowEvent 事件监听器由继承 WindowAdapter 类的无名类对象担任。

```
import java.awt.*;
import java.awt.event.*;
public class ShowText extends Frame
{   private TextField text=new TextField();          //创建用于文字输入的文本行
    private Label label=new Label("请输入文字");       //创建用于文字显示的标签
    public ShowText()
    {   super("Show Text");
        setLayout(new BorderLayout());
        label.setAlignment(Label.CENTER);
        add(text,BorderLayout.NORTH);
        add(label,BorderLayout.CENTER);
        text.addActionListener(new ActionListener()
        {   public void actionPerformed(ActionEvent e)
            {   label.setText(text.getText());
            }
        });
        addWindowListener(new WindowAdapter()
        {   public void windowClosing(WindowEvent e)
            {   System.exit(0);
            }
```

```
        });
        setSize(200, 150);
        setVisible(true);
    }
    public static void main(String args[])
    {    ShowText show=new ShowText();
    }
}
```

【习题4】请说明 FlowLayout 布局的特点。

【答案】FlowLayout（流式布局）布局策略提供按行布局组件的方式，将组件按照加入的先后顺序从左向右排列，当一行排满之后转到下一行继续按照从左向右的顺序排列。组件保持自己的尺寸，一行能容纳的组件的数目随容器的宽度变化。

【习题5】编程实现：有一个标题为"计算"的窗口，窗口的布局为 FlowLayout；有 4 个按钮，分别为"加"、"减"、"乘"和"除"；另外，窗口中还有 3 个文本行，单击任一按钮，将前两个文本行的数字进行相应的运算，在第三个文本行中显示结果。

【解析】需定义"加"、"减"、"乘"和"除"4 个按钮，定义 3 个文本行分别显示参与运算的两个数据及其运算结果。为了直观起见，还定义了 3 个标签分别用于标识 3 个文本行中的信息。每个按钮的单击事件（ActionEvent）监听器都使用匿名类对象，匿名类需要实现 ActionListener 接口，实现其中的 actionPerformed()方法。当用户单击某一按钮时，该按钮的事件监听器监听单击事件，便执行对应的 actionPerformed()方法，对前两个文本行中的数据进行相应的运算，并将运算结果显示在第三个文本行中。

对窗口事件 WindowEvent 也使用匿名类对象作为监听器，该匿名类继承 WindowAdapter 类，覆盖其中的 windowClosing()方法。当关闭窗口时，执行 windowClosing()方法，结束程序。

【答案】程序代码如下：

```
import java.awt.*;
import java.awt.event.*;
public class Calculator extends Frame
{    private Button plus;                              //声明加按钮
     private Button minus;                            //声明减按钮
     private Button multiply;                         //声明乘按钮
     private Button divide;                           //声明除按钮
     private TextField num1;
     private TextField num2;
     private TextField result;
     public Calculator()
     {  super("计算");
        this.setLayout(new FlowLayout());
        num1=new TextField(5);
        num2=new TextField(5);
        result=new TextField(5);
        plus=new Button("加");
        minus=new Button("减");
        multiply=new Button("乘");
        divide=new Button("除");
        this.add(new Label("数字1:"));
        this.add(num1);
```

```java
        this.add(new Label("数字2:"));
        this.add(num2);
        this.add(new Label("结果:"));
        this.add(result);
        this.add(plus);
        this.add(minus);
        this.add(multiply);
        this.add(divide);
        plus.addActionListener(new ActionListener()  //为加按钮注册单击事件监听器
        {
            public void actionPerformed(ActionEvent e)
            {   double a=Double.parseDouble(num1.getText());
                double b=Double.parseDouble(num2.getText());
                result.setText(Double.toString(a+b));
            }
        });
        minus.addActionListener(new ActionListener()  //为减按钮注册单击事件监听器
        {
            public void actionPerformed(ActionEvent e)
            {   double a=Double.parseDouble(num1.getText());
                double b=Double.parseDouble(num2.getText());
                result.setText(Double.toString(a-b));
            }
        });
        multiply.addActionListener(new ActionListener()//为乘按钮注册事件监听器
        {
            public void actionPerformed(ActionEvent e)
            {   double a=Double.parseDouble(num1.getText());
                double b=Double.parseDouble(num2.getText());
                result.setText(Double.toString(a*b));
            }
        });
        divide.addActionListener(new ActionListener()  //为除按钮注册事件监听器
        {
            public void actionPerformed(ActionEvent e)
            {   double a=Double.parseDouble(num1.getText());
                double b=Double.parseDouble(num2.getText());
                result.setText(Double.toString(a/b));
            }
        });
        this.addWindowListener(new WindowAdapter()          //注册窗口事件监听器
        {
            public void windowClosing(WindowEvent e)
            {   System.exit(0);
            }
        });
        this.setSize(150,200);
        this.setVisible(true);
    }
    public static void main(String args[])
    {   Calculator calcul=new Calculator();
    }
}
```

【运行结果】程序运行界面如图 11-6 所示。

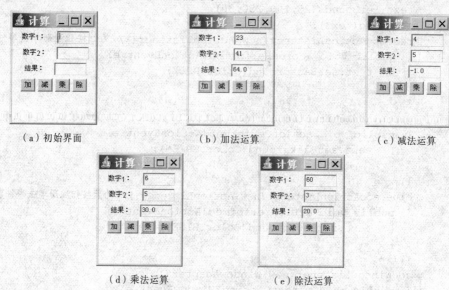

（a）初始界面　　　　　　　（b）加法运算　　　　　　　（c）减法运算

（d）乘法运算　　　　　　　（e）除法运算

图 11-6　Calculator 运行界面

【习题 6】编写应用程序，有一个标题为"改变颜色"的窗口，窗口布局为 null，在窗口中有 3 个按钮和 1 个文本行，3 个按钮的标题分别是"红"、"绿"和"蓝"，单击任一按钮，文本行的背景色更改为相应的颜色。

【解析】需定义"红"、"绿"和"蓝"3 个按钮，定义 1 个文本行。每个按钮的单击事件（ActionEvent）监听器都使用匿名类对象，匿名类需要实现 ActionListener 接口，实现其中的 actionPerformed() 方法。当用户单击某一按钮时，该按钮的事件监听器监听到单击事件，便执行对应的 actionPerformed() 方法，将文本行的背景色更改为相应的颜色。

对窗口事件 WindowEvent 也使用匿名类对象作为监听器，该匿名类继承 WindowAdapter 类，覆盖其中的 windowClosing() 方法。当关闭窗口时，执行 windowClosing() 方法，结束程序。

【答案】程序代码如下：

```java
import java.awt.*;
import java.awt.event.*;
public class ChangeColor extends Frame
{    private Button red=new Button("红");
    private Button green=new Button("绿");
    private Button blue=new Button("蓝");
    private TextField text=new TextField();
    public ChangeColor()
    {    super("改变颜色");
        this.setLayout(null);
        text.setBackground(Color.WHITE);
        red.setBounds(25,50,50,20);
        this.add(red);
        green.setBounds(125,50,50,20);
        this.add(green);
        blue.setBounds(225,50,50,20);
```

```
                this.add(blue);
                text.setBounds(25,100,250,30);
                this.add(text);
                red.addActionListener(new ActionListener()//为红按钮注册单击事件监听器
                {  public void actionPerformed(ActionEvent e)
                    {   text.setBackground(Color.RED);
                    }
                });
                green.addActionListener(new ActionListener()//为绿按钮注册单击事件监听器
                {  public void actionPerformed(ActionEvent e)
                    {   text.setBackground(Color.GREEN);
                    }
                });
                blue.addActionListener(new ActionListener()//为蓝按钮注册单击事件监听器
                {  public void actionPerformed(ActionEvent e)
                    {   text.setBackground(Color.BLUE);
                    }
                });
                addWindowListener(new WindowAdapter()
                {  public void windowClosing(WindowEvent e)
                    {   System.exit(0);
                    }
                });
                setSize(300,200);
                setVisible(true);
        }
        public static void main(String args[])
        {   ChangeColor color=new ChangeColor();
        }
}
```

【运行结果】程序运行界面如图 11-7 所示。　　　　　　　图 11-7　ChangeColor 运行界面

【习题 7】文本区可以使用 getSelectedText()方法获得通过鼠标拖动选中的文本。编写应用程序，有一个标题为"挑单词"的窗口，窗口的布局为 BorderLayout。在窗口中添加 2 个文本区和 1 个按钮，文本区分别位于窗口的西部和东部区域，按钮位于窗口的南部区域，当单击按钮时，程序将西部文本区中鼠标选中的内容添加到东部文本区的末尾。

【解析】需要定义 2 个文本区和 1 个按钮，采用 BorderLayout 布局，并将 2 个文本区分别放于窗口的西部和东部区域，而将按钮放于窗口的南部区域。按钮的单击事件（ActionEvent）监听器使用匿名类对象，匿名类需要实现 ActionListener 接口，实现其中的 actionPerformed()方法。当用户单击按钮时，事件监听器监听到单击事件，便执行 actionPerformed()方法，通过 getSelectedText()将西部区域文本区的选定文本存放于字符串变量 copyText 中，再通过 append()方法将 copyText 中的文本添加到东部文本区的末尾。

【答案】程序代码如下：

```
import java.awt.*;
import java.awt.event.*;
public class ChooseWord extends Frame
{  private Button doChoose=new Button("添加选定文本");    //定义按钮
```

```
private TextArea eastArea=new TextArea(4,10);            //定义东文本区
private TextArea westArea=new TextArea(4,10);            //定义西文本区
public ChooseWord()
{  super("挑单词");
   this.setLayout(new BorderLayout());
   this.add(westArea,BorderLayout.WEST);
   this.add(eastArea, BorderLayout.EAST);
   this.add(doChoose,BorderLayout.SOUTH);
   doChoose.addActionListener(new ActionListener()
   { public void actionPerformed(ActionEvent e)
      {   String copyText=westArea.getSelectedText();
          eastArea.append(copyText);
      }
   });
   addWindowListener(new WindowAdapter()
   { public void windowClosing(WindowEvent e)
      {   System.exit(0);
      }
   });
   setSize(300,200);
   setVisible(true);
}
public static void main(String args[])
{ ChooseWord word=new ChooseWord();
}
}
```

【运行结果】程序运行界面如图 11-8 所示。

（a）初始界面

（b）挑选操作后的界面

图 11-8 ChooseWord 运行界面

【习题 8】编写一个简单的屏幕变色程序。当用户单击"变色"按钮时，窗口颜色就自动地变成另外一种颜色。

【解析】程序中定义了按钮 change，其单击事件（ActionEvent）监听器使用实现 ActionListener 接口的 FrameColChange 类对象（this）。所以，FrameColChange 类实现了 actionPerformed()方法。当用户单击 change 按钮时，事件监听器监听到单击事件，便执行 actionPerformed()方法，通过 (int)(Math.random()*1000) % 256 产生 3 个 0～255 之间的随机整数，分别存放在 int 型变量 r、g 和 b 中，再通过 setBackground(new Color(r,g,b))将 3 个随机整数对应的颜色设置为窗口的背景色。

【答案】程序代码如下：

```java
import java.awt.*;
import java.awt.event.*;
public class FrameColChange extends Frame implements ActionListener
{   private Button change=new Button("变色");
    public FrameColChange()
    {   super("屏幕变色程序");
        this.setLayout(new FlowLayout());
        this.add(change);
        change.addActionListener(this);
        addWindowListener(new WindowAdapter()
        {   public void windowClosing(WindowEvent e)
            {   System.exit(0);
            }
        });
        setSize(300,200);
        setVisible(true);
    }
    public void actionPerformed(ActionEvent arg0)
    {   int r=(int)(Math.random()*1000)%256;
        int g=(int)(Math.random()*1000)%256;
        int b=(int)(Math.random()*1000)%256;
        this.setBackground(new Color(r,g,b));
    }
    public static void main(String args[])
    {   FrameColChange frame=new FrameColChange();
    }
}
```

【运行结果】程序运行界面如图 11-9 所示。

【习题 9】编写一个温度转换程序。用户在文本行中输入华氏温度（θ，单位为°F），并按【Enter】键，自动在两个文本中分别显示对应的摄氏温度（t，单位为°C）和开氏温度（T，单位为 K）。要求给文本行和标签加相应的提示信息。具体的计算公式：

图 11-9　FrameColChange 运行界面

$$\frac{t}{°C} = \frac{5}{9}\left(\frac{\theta}{°F} - 32\right)$$

$$T(K) = t(°C) + 273$$

【解析】需要定义 1 个文本行用来输入华氏温度，再定义 2 个文本行分别用来显示摄氏温度和开氏温度。为了直观起见，还定义了 3 个标签分别用来标识 3 个文本行中的信息。需要对输入华氏温度的文本行监听 ActionEvent 事件。事件监听器采用匿名类对象，匿名类需要实现 ActionListener 接口，实现其中的 actionPerformed()方法。当用户按【Enter】键时，事件监听器监听到事件，便执行对应的 actionPerformed()方法，计算相应的摄氏温度和开氏温度，并将它们分别显示在相应的文本行中。

【答案】程序代码如下：

```java
import java.awt.*;
import java.awt.event.*;
public class Temperature extends Frame
{   private Label inputLab=new Label("请输入华氏温度: ");
    private TextField input=new TextField();          //定义输入区域
    private Label temperCLab=new Label("摄氏温度: ");
    private TextField temperC=new TextField();        //定义摄氏输出区域
    private Label temperKLab=new Label("开氏温度: ");
    private TextField temperK=new TextField();        //定义开氏输出区域
    public Temperature()
    {   super("温度转换程序");
        this.setLayout(new GridLayout(3,2));
        this.add(inputLab);
        this.add(input);
        this.add(temperCLab);
        this.add(temperC);
        this.add(temperKLab);
        this.add(temperK);
        input.addActionListener(new ActionListener()
        {   public void actionPerformed(ActionEvent arg0)
            {   double tempH=Double.parseDouble(input.getText());
                double tempC=(tempH-32)/9*5;
                double tempK=tempC+273;
                temperC.setText(Double.toString(tempC));
                temperK.setText(Double.toString(tempK));
            }
        });
        addWindowListener(new WindowAdapter()
        {   public void windowClosing(WindowEvent e)
            {   System.exit(0);
            }
        });
        setSize(300,100);
        setVisible(true);
    }
    public static void main(String args[])
    {   Temperature temper=new Temperature();
    }
}
```

【运行结果】程序运行界面如图 11-10 所示。

（a）初始界面   （b）温度转换操作后的界面

图 11-10 Temperature 运行界面

第**12**章 ——

Swing 组件

12.1 典型例题解析

【例 12-1】编写应用程序实现：窗口有 1 个 JList 组件和 1 个 JLabel 组件，JList 组件显示若干大学名称，选定某个大学名称后，JLabel 组件显示选定大学的地址。

【解析】定义了一维字符串数组 name 和 address，分别用来存放 4 所大学的名称和对应的地址。

定义了 JList 对象 list，其中显示 name 中的 4 所大学的名称。list 的 ListSelectionEvent 事件采用内部类 Handler 的对象作为监听器，Handler 类需要实现 ListSelectionListener 接口，实现其中的 valueChanged()方法。当用户选择 list 中的某个学校名称时，事件监听器监听到 ListSelectionEvent 事件，便执行 valueChanged()方法，通过 list.getSelectedIndex()获得 list 中被选中学校的序号，通过 address[list.getSelectedIndex()]获得 list 中被选中学校对应的地址，通过 lbl.setText()方法将对应的地址在 lbl 标签中显示。

要对窗口关闭操作进行响应，需要对其注册 WindowEvent 事件监听器。事件监听器由继承 WindowAdapter 适配器类的匿名类对象担任。匿名类覆盖了 WindowAdapter 中的 windowClosing()方法，用户单击窗口关闭按钮时，结束程序运行。

【答案】程序代码如下：

```
import java.awt.*;
import java.awt.event.*;
import javax.swing.*;
import javax.swing.event.*;
public class ListExample extends JFrame
{ private JList list;
  private JLabel lbl;
  private String name[]={"西安交通大学","西北大学","西北工业大学","第四军医大学"};
  private String address[]={"兴庆路","大学南路","友谊西路","长乐东路"};
  public ListExample()
  { super("ListExample");
    Container c=getContentPane();
    c.setLayout(new BorderLayout());
    lbl=new JLabel();
    c.add(lbl,BorderLayout.SOUTH);
    list=new JList(name);
```

```
        list.setSelectionMode(ListSelectionModel.SINGLE_SELECTION);
        c.add(list,BorderLayout.NORTH);
        list.addListSelectionListener(new Handler());
        addWindowListener(new WindowAdapter()
        {   public void windowClosing(WindowEvent e)
            {System.exit(0);}
        });
        setSize(250,170);
        setVisible(true);
    }
    public static void main(String args[])
    {  ListExample app=new ListExample();
    }
    private class Handler implements ListSelectionListener
    {  public void valueChanged(ListSelectionEvent e)
        {   String s;
            lbl.setText("地址: "+address[list.getSelectedIndex()]);
        }
    }
}
```

【运行结果】程序的运行界面如图 12-1 所示。

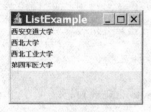
（a）初始界面

（b）选择"西北大学"后的界面

图 12-1　ListExample 运行界面

【例 12-2】编写响应鼠标事件的程序。当鼠标进入或离开窗口区，在窗口上部显示相应的信息；当在窗口区拖动鼠标时，在窗口下部显示拖动位置信息。

【解析】要响应以下鼠标运动，事件监听器所属类需要实现 MouseListener 接口或继承 MouseAdapter 类。

（1）鼠标指针进入某一区域。

（2）按下鼠标键。

（3）释放鼠标键。

（4）鼠标单击（按下和释放鼠标键的整个过程）。

（5）鼠标指针离开某一区域。

要响应以下鼠标运动，事件监听器所属类需要实现 MouseMotionListener 接口或继承 MouseMotionAdapter 类。

（1）鼠标在某一区域移动。

（2）鼠标在某一区域拖动。

本例中，要对鼠标进入或离开窗口区进行响应，选择内部类 MouseHandler 的对象作为事件监听器。MouseHandler 继承 MouseAdapter 类，覆盖 MouseAdapter 的 mouseEntered()和 mouseExited()方法。在 mouseEntered()中，通过 lbl.setText()方法在窗口上部(lbl 标签位于窗口上部)显示"Mouse enters!"；在 mouseExited()中，通过 lbl.setText()方法在窗口上部显示"Mouse leaves!"。

本例中，还要对鼠标在窗口区的拖动进行响应，选择内部类 MouseMotionHandler 的对象作为事件监听器。MouseMotionHandler 继承 MouseMotionAdapter 类，覆盖 MouseMotionAdapter 的 mouseDragged()方法。在 mouseDragged()中，利用 getX()和 getY()获得鼠标的拖动位置，通过 txf.setText()方法在窗口下部（txf 文本行位于窗口下部）显示鼠标拖动及其位置信息。

为了对窗口关闭操作进行响应，对 MouseExample 的对象 app 注册了 WindowEvent 事件监听器。事件监听器由继承 WindowAdapter 适配器类的匿名类对象担任。匿名类覆盖了 WindowAdapter 中的 windowClosing()方法，用户单击窗口关闭按钮时，结束程序运行。

【答案】程序代码如下：

```java
import java.awt.*;
import java.awt.event.*;
import javax.swing.*;
public class MouseExample extends JFrame
{ private JTextField txf=new JTextField();
  JLabel lbl=new JLabel();
  public MouseExample()
  { super("Mouse Example");
    Container c=getContentPane();
    c.setLayout(new BorderLayout());
    c.add(txf,BorderLayout.SOUTH);
    c.add(lbl,BorderLayout.NORTH);
    c.addMouseMotionListener(new MouseMotionHandler());
    c.addMouseListener(new MouseHandler());
    setSize(300,150);
    setVisible(true);
  }
  class MouseMotionHandler extends MouseMotionAdapter
  { public void mouseDragged(MouseEvent e)
    { String s="Mouse is dragged at ("+e.getX()+","+e.getY()+")";
      txf.setText(s);
    }
  }
  public class MouseHandler extends MouseAdapter
  { public void mouseEntered(MouseEvent e)
    { String s="Mouse enters!";
      lbl.setText(s);
    }
    public void mouseExited(MouseEvent e)
    { String s="Mouse leaves!";
      lbl.setText(s);
    }
  }
  public static void main(String args[])
  { MouseExample app=new MouseExample();
    app.addWindowListener(new WindowAdapter()
```

```
{       public void windowClosing(WindowEvent e)
        {   System.exit(0);
        }
    });
    }
}
```

【运行结果】程序的运行界面如图 12-2 所示。

（a）初始界面

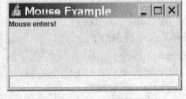
（b）鼠标进入窗口后的界面

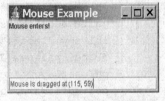
（c）鼠标在窗口拖动时的界面

图 12-2　MouseExample 运行界面

【例 12-3】编程实现：窗口中有 2 个组合框（JComboBox 组件），分别显示字体名称和字体大小，还有 1 个标签，其标题为"字体及大小样例"。当用户从组合框中选择某字体名称和字体大小时，标签的标题就更改为相应的字体和大小。

【解析】定义了一维字符串数组 names 和 sizes，分别用来存放字体名称和字体大小。定义了 2 个 JComboBox 组件 jName 和 jSize，分别显示 names 和 sizes 中的字体名称和字体大小。jName 和 jSize 的 ItemEvent 事件（选择某一选项时触发）采用内部类 Handler 的对象作为监听器，Handler 类需要实现 ItemListener 接口，实现其中的 itemStateChanged()方法。当用户选择 jName 或 jSize 中的某个选项时，事件监听器监听到 ItemEvent 事件，便执行 itemStateChanged()方法。

在 itemStateChanged()中，通过 getSource()获得触发 ItemEvent 事件的事件源。如果事件源是 jName（用户选择了某个字体名称），通过 jName.getSelectedIndex()获得用户选择的字体名称对应的序号，通过 names[jName.getSelectedIndex()]获得用户所选择的字体名称，并将所选择的字体名称存放在字符串变量 fontName 中；同理，如果事件源是 jSize（用户选择了某个字体大小），通过 jSize.getSelectedIndex()获得用户选择的字体大小对应的序号，通过 sizes[jSize.getSelectedIndex()]获得用户所选择的字体大小（字符串型），通过 Integer.parseInt(sizes[jSize.getSelectedIndex()])将用户所选择的字体大小由字符串型转换成整型。通过语句 font=new Font(fontName,Font.PLAIN,fontSize)创建用户所选择的字体对象（所选择的字体名称和大小），并存放在 font 中。最后，通过 lbl.setFont(font)将标签 lbl 的标题设置为用户所选择的字体。

【答案】程序代码如下：

```
import java.awt.*;
import java.awt.event.*;
import javax.swing.*;
public class FontExample extends JFrame
{ private Font font;
  private JLabel lbl;
  private JComboBox jName,jSize;
  private String[] names={"宋体","仿宋","黑体","方正舒体","隶书"};
  private String[] sizes={"14","18","24","28","36","48"};
  private String fontName="宋体";
```

```java
    private int fontSize=18;
    public FontExample()
    { super("FontExample");
      Container c=getContentPane();
      c.setLayout(new BorderLayout());
      jName=new JComboBox(names);
      jSize=new JComboBox(sizes);
      jName.addItemListener(new handle());
      jSize.addItemListener(new handle());
      lbl=new JLabel("字体及大小样例");
      JPanel pal=new JPanel();
      pal.setLayout(new BorderLayout());
      pal.add(jName,BorderLayout.WEST);
      pal.add(jSize,BorderLayout.EAST);
      c.add(pal,BorderLayout.NORTH);
      c.add(lbl,BorderLayout.SOUTH);
      setSize(360,150);
      setVisible(true);
    }
    public static void main(String args[])
    {   FontExample app=new FontExample();
        app.addWindowListener(new WindowAdapter()
        {   public void windowClosing(WindowEvent e)
            {   System.exit(0);
            }
        });
    }
    class handle implements ItemListener
    {   public void itemStateChanged(ItemEvent e)
        {   if(e.getSource()==jName)
                fontName=names[jName.getSelectedIndex()];//选择的字体名称
            if(e.getSource()==jSize)
                fontSize=Integer.parseInt(sizes[jSize.getSelectedIndex()]);
                                            //选择的字体大小
            font=new Font(fontName,Font.PLAIN,fontSize);//创建选择的字体对象
            lbl.setFont(font);            //将标签字体设置为选择的字体
        }
    }
}
```

【运行结果】程序的运行界面如图 12-3 所示。

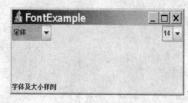

（a）初始界面

（b）选择了隶书和48后的界面

图 12-3　FontExample 运行界面

【例 12-4】编写程序实现：通过文本行输入学生姓名，通过单选按钮选择性别，通过复选框选择课程，并在文本框中显示所填写及选择的信息。请自行安排版面，使其美观。

【解析】文本行 txf 供输入学生姓名，man、woman 和 radioGroup 组成单选按钮供选择性别，math 和 chinese 组成的复选框供选择课程，文本框 txa 用来显示所填写及选择的信息。

当单击 ok 命令按钮时，txa 文本框显示目前所填写及选择的最新信息；当单击 cancel 命令按钮时，结束程序运行。

ok 和 cancel 的 ActionEvent 事件（单击某一按钮叫触发）采用内部类 Handler 的对象作为监听器，Handler 类需要实现 ActionListener 接口，实现其中的 actionPerformed()方法。当用户单击某一按钮时，事件监听器监听到 ActionEvent 事件，便执行 actionPerformed()方法。

在 actionPerformed()中，通过 getSource()获得触发 ActionEvent 事件的事件源。如果事件源是 ok，将用户填写或选择的信息分别存放在字符串数组 str 的元素 str[0]、str[1]、str[2]和 str[3]中。通过 txf.getText()取得 txf 中所输入的姓名，将其存放于 str[0]中；如果 man.isSelected()的返回值是 true，表明选择了"男"，否则选择了"女"，将选择结果其存放于 str[1]中；如果 math.isSelected()的返回值是 true，表明选择了"数学"，将其存放于 str[2]中；如果 chinese.isSelected()的返回值是 true，表明选择了"语文"，将其存放于 str[3]中；通过 for 循环语句，将存放于 str[0]、str[1]、str[2]和 str[3] 中的信息分行存放于字符串变量 output 中；最后，通过 txa.setText(output) 在文本区 txa 中显示所填写及选择的信息。如果事件源是 cancel，结束程序运行。

注意：要实现一组单选按钮，必须将各 JRadioButton 组件组合在 ButtonGroup 组件中。

【答案】程序代码如下：

```java
import java.awt.*;
import java.awt.event.*;
import javax.swing.*;
class MultiComponent extends JFrame
{  private JLabel name=new JLabel("姓名: ");
   private JLabel sex=new JLabel("性别: ");
   private JTextField txf=new JTextField(15);
   private JRadioButton man=new JRadioButton("男 ",true);
   private JRadioButton woman=new JRadioButton("女 ",false);
   private ButtonGroup radioGroup;
   private JCheckBox math=new JCheckBox("    数学    ");
   private JCheckBox chinese=new JCheckBox("    语文    ");
   private JButton ok=new JButton("确定");
   private JButton cancel=new JButton("取消");
   private String[] str=new String[4];
   private String output="";
   private JTextArea txa=new JTextArea(5,20);
   public MultiComponent()
   {  super("MultiComponent");
      Container c=getContentPane();
      c.setLayout(new FlowLayout());
      c.add(name);
```

```
            c.add(txf);
            c.add(sex);
            c.add(man);
            c.add(woman);
            radioGroup=new ButtonGroup();
            radioGroup.add(man);
            radioGroup.add(woman);
            ok.addActionListener(new handle1());
            cancel.addActionListener(new handle1());
            c.add(math);
            c.add(chinese);
            c.add(ok);
            c.add(cancel);
            c.add(txa);
            setSize(230,300);
            setVisible(true);
        }
    public static void main(String args[])
    {   MultiComponent app=new MultiComponent();
        app.addWindowListener(new WindowAdapter()
        {   public void windowClosing(WindowEvent e)
        {   System.exit(0); }
        });
    }
    private class handle1 implements ActionListener
    {   public void actionPerformed(ActionEvent e)
        {   if(e.getSource()==ok)
            {   str[0]="姓名: "+txf.getText();
                if(man.isSelected()) str[1]="性别: 男";          //判断选男还是选女
                else str[1]="性别: 女";
                if(math.isSelected()) str[2]="mathematics";   //判断数学是否选中
                else str[2]="";
                if(chinese.isSelected()) str[3]="chinese";    //判断语文是否选中
                else str[3]="";
                output="";
                for(int i=0;i<2;i++) output=output+str[i]+"\n";//output 存放相应信息
                output=output+"所选课程如下: "+"\n";
                for(int i=2;i<4;i++) output=output+str[i]+"\n";
                txa.setText(output);
            }
            if(e.getSource()==cancel) System.exit(0);
        }
    }
}
```

【运行结果】程序的运行界面如图 12-4 所示。

（a）初始界面　　　　　　　　　　　（b）输入及选择操作后的界面

图 12-4　MultiCompontent 运行界面

12.2　课后习题解答

【习题 1】简述 AWT 组件和 Swing 组件的异同。

【答案】Swing 包含了大部分与 AWT 对应的组件，Swing 组件的用法与 AWT 组件基本相同，大多数 AWT 组件只要在其类名前加 J 即可转换成 Swing 组件。

Swing 组件与 AWT 组件最大的不同是：Swing 组件在实现时不包含任何本地代码，因此 Swing 组件可以不受硬件平台的限制，而具有更多的功能。不包含本地代码的 Swing 组件称为"轻量级"组件，而包含本地代码的 AWT 组件称为"重量级"组件。在 Java 2 平台上推荐使用 Swing 组件。

Swing 组件比 AWT 组件拥有更多的功能。例如，Swing 中的按钮和标签不仅可以显示文本信息，还可以显示图标，或同时显示文本和图标；大多数 Swing 组件都可以添加边框；Swing 组件可以具有任意形状，而不仅局限于长方形。

【习题 2】简述 JCheckBox 和 JRadioButton 的异同。

【答案】在 Swing 中，单选按钮 JRadionButton 用来显示一组互斥的选项。在同一组单选按钮中，任何时候最多只能有 1 个按钮被选中。一旦选中 1 个单选按钮，以前选中的按钮自动变为未选中状态。在 Swing 中，复选框 JCheckBox 用来显示一组选项。在一组复选框中，可以同时选中多个复选框，也可以不选中任何复选框。

【习题 3】简述 JTextField 和 JTextArea 的异同。

【答案】文本行 JTextField 是一个单行文本编辑框，用于输入 1 行文字。文本区 JTextArea 是一个多行文本编辑框，其基本操作与 JTextField 类似，但增加了滚动条功能。在 JTextField 组件中，由于只允许输入 1 行文本，当用户按【Enter】键时，将触发 ActionEvent 事件。在 JTextArea 组件中，由于允许输入多行文本，当用户按【Enter】键时，将换行，不会触发事件。

【习题 4】编制程序实现：在 JTextField 中输入文本，单击按钮后，将所输文本添加到 JTextArea 中。

```
import java.awt.*;
```

【解析】程序中定义了 1 个文本行、1 个文本区和 1 个按钮。调用 JFrame 类的 getContentPane() 方法获得窗口的内容窗格，将其赋予 Container 类对象 pane，通过 pane 向窗口中添加组件，采用 BorderLayout 布局。对按钮的 ActionEvent 事件采用匿名类对象作为监听器，匿名类需要实现 ActionListener 接口，实现其中的 actionPerformed() 方法。当用户单击按钮时，事件监听器监听到单击事件，便执行 actionPerformed()方法，通过 getText()将文本行的文本存放于字符串变量 text 中，再通过 append()方法将 text 中的文本添加到文本区的末尾。

addText（AddText 的对象）的窗口事件 WindowEvent 采用匿名类对象作为监听器，匿名类需要继承 WindowAdapter 类，覆盖其中的 windowClosing()方法。

【答案】程序代码如下：

```java
import javax.swing.*;
import java.awt.event.*;
public class AddText extends JFrame
{   private JTextField textField;          //声明文本行
    private JTextArea textArea;            //声明文本区
    private JButton button;                //声明按钮
    public AddText()
    {   super("Add text to textarea");
        Container pane=getContentPane();
        pane.setLayout(new BorderLayout(5,5));
        textField=new JTextField(20);
        textArea=new JTextArea(10,20);
        button=new JButton("单击按钮添加");
        button.addActionListener(new ActionListener()
        {   public void actionPerformed(ActionEvent e)
            {   String text=textField.getText()+" ";
                textArea.append(text);
            }
        });
        pane.add(textField,BorderLayout.NORTH);
        pane.add(button,BorderLayout.CENTER);
        pane.add(textArea,BorderLayout.SOUTH);
        setSize(300,300);
        this.show();
    }
    public static void main(String args[])
    {   AddText addText=new AddText();
        addText.addWindowListener(new WindowAdapter()
        {   public void windowClosing(WindowEvent e)
            {   System.exit(0);
            }
        });
    }
}
```

【运行结果】程序的运行界面如图 12-5 所示。

【习题 5】编写应用程序实现：窗口取默认布局——BorderLayout 布局，上方添加 JComboBox 组件，该组件有 6 个选项，分别表示 6 种书名。在中心添加一个文本区，当选择 JComboBox 组件中的某个选项后，文本区显示该书的价格和出版社等信息。

【解析】定义了一维字符串数组 names，用来存放 6 种书名和 JComboBox 组件中的标题"请选择要查询的商品名称"。定义了二维字符串数组 infos，用来存放 names 中 6 种书的信息和 1 行空信息。每种书的信息用二维数组中的 1 行表示，分别表示书名、出版社和价格，空信息对应

JComboBox 组件中的标题"请选择要查询的商品名称"。

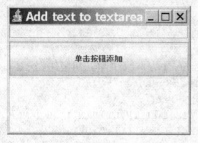

（a）初始界面

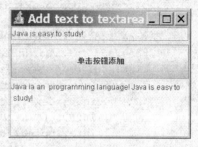

（b）输入及添加操作后的界面

图 12-5　AddText 运行界面

定义了 JComboBox 对象 list，其中显示 names 中的 6 种书名和标题"请选择要查询的商品名称"。list 的 ItemEvent 事件采用匿名类对象作为监听器，匿名类需要实现 ItemListener 接口，实现其中的 itemStateChanged()方法。当用户选择 list 中的某个书名时，事件监听器监听到 ItemEvent 事件，便执行 itemStateChanged ()方法，通过 list.getSelectedIndex()获得 list 中被选中书名的序号，并存放在变量 index 中。通过 infos[index][0]、infos[index][1]和 infos[index][2]分别获得 list 中被选中书在 infos 中对应的书名、出版社和价格，通过 info.setText()和 info.append()方法分别将对应的书名、出版社和价格在 JTextArea 对象 info 中显示。

【答案】程序代码如下：

```
import java.awt.*;
import javax.swing.*;
import java.awt.event.*;
public class Information extends JFrame
{   private JComboBox list;                          //声明商品选择列表
    private JTextArea info;                          //声明商品信息显示区域
    private String names[]=                          //6种商品名
    {   "请选择要查询的商品名称",
        "Linux 程序设计(第 3 版)",
        "Windows 核心编程",
        "操作系统概念（第六版 翻译版）",
        "UNIX 技术手册（第三版）",
        "计算机操作系统",
        "Linux 系统开发员"
    };
    private String infos[][]=                        //6种商品的信息
    {   {"","",""},
        {"Linux 程序设计(第 3 版)","人民邮电出版社","￥89.00"},
        {"Windows 核心编程","机械工业出版社","￥86.00"},
        {"操作系统概念（第六版 翻译版）","高等教育出版社","￥55.00"},
        {"UNIX 技术手册（第三版）","中国电力出版社","￥69.00"},
        {"计算机操作系统","清华大学出版社","￥21.00"},
        {"Linux 系统开发员","机械工业出版社","￥23.00"}
    };
    public Information()
    {   super("Information of merchandise");
        Container pane=this.getContentPane();
```

```
            pane.setLayout(new BorderLayout());
            list=new JComboBox(names);
            info=new JTextArea(5, 20);
            pane.add(list,BorderLayout.NORTH);
            pane.add(info,BorderLayout.CENTER);
            list.addItemListener(new ItemListener()//注册选择选项事件监听器
            {   public void itemStateChanged(ItemEvent e)
                {   int index=list.getSelectedIndex();
                    info.setText("商品名:  "+infos[index][0]+"\n");
                    info.append("出版社:  "+infos[index][1]+"\n");
                    info.append("市场价:  "+infos[index][2]+"\n");
                }
            });
            this.setSize(250,300);
            this.setVisible(true);
        }
    public static void main(String args[])
    {   Information information=new Information();
        information.addWindowListener(new WindowAdapter()
        { public void windowClosing(WindowEvent e)
          {  System.exit(0);
          }
        });
    }
}
```

【运行结果】程序的运行界面如图 12-6 所示。

（a）初始界面

（b）选择操作后的界面

图 12-6　Information 运行界面

【习题 6】编写"猜数游戏"程序。系统自动生成一个 1~200 之间的随机整数，并在屏幕显示
"有一个数，在 1~200 之间。猜猜看，这个数是多少？"

用户在 JTextField 输入一个数，并按【Enter】键。如果输入的数过大，JLabel 背景变红，同
时显示"太大"；如果输入的数过小，JLabel 背景变蓝，同时显示"太小"；如果输入的数正好，
JLabel 背景变白，同时显示"恭喜你！答对了!"

【解析】利用文本行 input 来输入数据，利用标签 message 来显示"太大"、"太小"等信息，
机器产生的随机数放在变量 guessNum 中。input 的 ActionEvent 事件采用匿名类对象作为监听器，
匿名类需要实现 ActionListener 接口，实现其中的 actionPerformed()方法。当用户在 input 中输入数
据并按【Enter】键时，事件监听器监听到 ActionEvent 事件，便执行 actionPerformed()方法，将输

人的数据放入变量 guessed 中，并以 guessed 作为参数调用 guess()方法，将 guessed 与 guessNum 进行对比。如果 guessed<guessNum，guess()返回-1；如果 guessed>guessNum，guess()返回 1；否则，返回 0。根据 guess()的返回值，在 message 中显示"太小"或"太大"信息，直到用户输入的数据和产生的随机数相等，在 message 中显示"恭喜你！答对了!"。

【答案】程序代码如下：

```java
import java.awt.*;
import javax.swing.*;
import java.awt.event.*;
public class Game extends JFrame
{   private int guessNum;                              //要猜的数字
    private JLabel message;                            //显示提示信息
    private JTextField input;                          //数据输入区域
    public Game()
    {   super("Guess Game");
        Container pane=this.getContentPane();
        pane.setLayout(new BorderLayout());
        guessNum=((int)(Math.random()*200))+1; //产生1~200之间的随机数
        input=new JTextField();
        message=new JLabel("有一个数，在1~200之间。猜猜看，这个数是多少？");
        message.setHorizontalAlignment(SwingConstants.CENTER);
        message.setBackground(Color.WHITE);
        message.setFont(new Font("TimesRoman",Font.PLAIN,20));
        pane.add(input,BorderLayout.NORTH);
        pane.add(message,BorderLayout.CENTER);
        input.addActionListener(new ActionListener()       //注册事件监听器
        {   public void actionPerformed(ActionEvent e)
            {   int guessed=Integer.parseInt(input.getText());//获得输入的数字
                if(guess(guessed)==-1)
                {   message.setBackground(Color.BLUE);
                    message.setText("太小");
                    input.setText("");
                }
                else if(guess(guessed)==1)
                {   message.setBackground(Color.RED);
                    message.setText("太大");
                    input.setText("");
                }
                else if(guess(guessed)==0)
                {   message.setBackground(Color.WHITE);
                    message.setText("恭喜你！答对了！");
                }
            }
        });
        this.setSize(500,300);
this.setVisible(true);
    }
    private int guess(int num)                         //进行比较并返回结果
    {   if(num<this.guessNum)   return -1;
        else if(num>this.guessNum)  return 1;
```

```
        else return 0;
    }
    public static void main(String args[])
    {   Game game=new Game();
        game.addWindowListener(new WindowAdapter()
        {   public void WindowClosing(WindowEvent e)
            {   System.exit(0);
            }
        });
    }
}
```

【运行结果】程序的运行界面如图 12-7 所示。

（a）初始界面

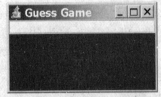

（b）输入数太小时的界面

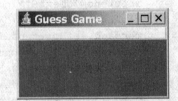

（c）输入数太大时的界面

图 12-7　Game 运行界面

【习题 7】编写一个简单的个人简历程序。可以通过文本行输入姓名，通过单选按钮选择性别，通过组合框选择籍贯，通过列表框选择文化程度。请自行安排版面，使其美观。

【解析】文本行 nameInput 供输入姓名。male、female 和 sexSelect 组成单选按钮供选择性别。字符串数组 province 中存放多个省市名，组合框 provinceBox 显示 province 中存放的省市名，供选择籍贯用。字符串数组 degree 中存放各种学历名，列表框 degreeList 显示 degree 中存放的学历名，供选择学历用。文本框 txa 用来显示所填写及选择的信息。

当单击命令按钮 ok 时，文本框 txa 显示目前所填写及选择的最新信息；当单击命令按钮 cancel 时，结束程序运行。

ok 和 cancel 的 ActionEvent 事件（单击某一按钮时触发）采用内部类 Handler 的对象作为监听器，Handler 类需要实现 ActionListener 接口，实现其中的 actionPerformed()方法。当用户单击某一按钮时，事件监听器监听到 ActionEvent 事件，便执行 actionPerformed()方法。

在 actionPerformed()中，通过 getSource()获得触发 ActionEvent 事件的事件源。如果事件源是 ok，将用户填写或选择的信息分别存放在字符串数组 str 的元素 str[0]、str[1]、str[2]和 str[3]中。通过 nameInput.getText()取得 nameInput 中所输入的姓名，将其存放于 str[0]中；如果 male.isSelected()的返回值是 true，表明选择了"男"，否则选择了"女"，将选择结果存放于 str[1]中；通过 provinceBox.getSelectedIndex()获得用户在 provinceBox 中选择的籍贯对应的序号，通过

province[provinceBox.getSelectedIndex()]获得用户所选择的籍贯，并将其存放于 str[2]中；通过 degreeList.getSelectedIndex() 获 得 用 户 在 degreeList 中选择的学历对应的序号，通过 degree[degreeList.getSelectedIndex()]获得用户所选择的文化程度，并将其存放于 str[3]中；通过 for 循环语句，将存放于 str[0]、str[1]、str[2]和 str[3]中的信息分行存放于字符串变量 output 中；最后，通过 txa.setText(output) 在文本框 txa 中显示所填写及选择的信息。如果事件源是 cancel，结束程序运行。

为了使窗口内组件排列整齐、美观，程序中使用了多个 JPanel（面板）组件，包括 namePan、sexPan、provincePan、degreePan 和 buttonPan。类似 JFrame，JPanel 也是一种容器，可以包含 JButton、JTextField 和 JList 等组件，可以设置版面。将其他组件放入 JPanel 组件后，再将 JPanel 组件嵌入窗口，易于实现窗口内组件的合理布局。

注意：要实现一组单选按钮，必须将各 JRadioButton 组件组合在 ButtonGroup 组件中。

【答案】程序代码如下：

```java
import java.awt.*;
import javax.swing.*;
import java.awt.event.*;
public class Resume extends JFrame
{   private JLabel name;
    private JTextField nameInput;                //名字输入区域
    private JLabel sex;
    private JRadioButton male;                    //性别选择按钮
    private JRadioButton female;
    private ButtonGroup sexSelect;
    private JLabel provinceLab;
    private String province[]={"北京市","陕西省","河南省"};
    private JComboBox provinceBox;                //籍贯组合框
    private JLabel degreeLab;
    private String degree[]={"中学","本科","硕士","博士","其他"};
    private JList degreeList;                     //文化程度列表框
    private JButton ok,cancel;
    private String[] str=new String[4];
    private String output="";
    private JTextArea txa;
    public Resume()
    {   super("简单的个人简历程序");
        Container c=this.getContentPane();
        c.setLayout(new FlowLayout());
        name=new JLabel("姓名: ");
        name.setHorizontalAlignment(SwingConstants.CENTER);
        nameInput=new JTextField(8);
        sex=new JLabel("性别: ");
        sex.setHorizontalAlignment(SwingConstants.CENTER);
        male=new JRadioButton("男",true);
        female=new JRadioButton("女",false);
        sexSelect=new ButtonGroup();
        sexSelect.add(male);
```

```
        sexSelect.add(female);
        provinceLab=new JLabel("籍贯: ");
        provinceLab.setHorizontalAlignment(SwingConstants.CENTER);
        provinceBox=new JComboBox(province);
        degreeLab=new JLabel("文化程度: ");
        degreeLab.setHorizontalAlignment(SwingConstants.CENTER);
        degreeList=new JList(degree);
        degreeList.setVisibleRowCount(2);
        ok=new JButton("确定");
        cancel=new JButton("取消");
        txa=new JTextArea(5,20);
        JPanel namePan=new JPanel();
        namePan.add(name);
        namePan.add(nameInput);
        c.add(namePan);
        JPanel sexPan=new JPanel();
        sexPan.add(sex);
        sexPan.add(male);
        sexPan.add(female);
        c.add(sexPan);
        JPanel provincePan=new JPanel();
        provincePan.add(provinceLab);
        provincePan.add(this.provinceBox);
        c.add(provincePan);
        JPanel degreePan=new JPanel();
        degreePan.add(degreeLab);
        degreePan.add(degreeList);
        c.add(degreePan);
        JPanel buttonPan=new JPanel();
        buttonPan.add(ok);
        buttonPan.add(cancel);
        ok.addActionListener(new Handle1());
        cancel.addActionListener(new Handle1());
        c.add(buttonPan);
        c.add(txa);
        this.setSize(350,350);
        this.setVisible(true);
    }
    public static void main(String args[])
    {   Resume resume=new Resume();
        resume.addWindowListener(new WindowAdapter()
        {   public void windowClosing(WindowEvent e)
            {   System.exit(0);
            }
        });
    }
    private class Handle1 implements ActionListener
    {   public void actionPerformed(ActionEvent e)
        {   if(e.getSource()==ok)
            {   str[0]="姓名: "+nameInput.getText();
```

```
          if(male.isSelected())   str[1]="性别: 男";//判断选男还是选女
          else    str[1]="性别: 女";
          str[2]="籍贯: "+province[provinceBox.getSelectedIndex()];
          str[3]="文化程度: "+degree[degreeList.getSelectedIndex()];
          output="";
          for(int i=0;i<4;i++)
            output=output+str[i]+"\n";    //output 存放相应信息
            txa.setText(output);
        }
        if(e.getSource()==cancel)   System.exit(0);
      }
    }
}
```

【运行结果】程序的运行界面如图 12-8 所示。

（a）初始界面

（b）输入及选择操作后的界面

图 12-8 Resume 运行界面

第13章 Applet 程序

13.1 典型例题解析

【例 13-1】 在 Applet 窗口加入一个按钮，当单击按钮时，其标题在"开始"和"结束"之间切换。

【解析】 在 init()方法中，初始化按钮 btn，并为 btn 注册 ActionEvent 事件监听器，监听器是实现 ActionListener 接口的内部类 ActionListener1 的对象。ActionListener1 实现 ActionListener 接口中的 actionPerformed()方法。在 actionPerformed()中，通过 getText()方法获得 btn 的标题，如果标题是"开始"，通过 setText()将标题更改为"结束"；否则将标题更改为"开始"。

【答案】 程序代码如下：

```
import javax.swing.*;
import java.awt.event.*;
public class ButtonApplet extends JApplet
{   JButton btn;
    public void init()
    {   btn=new JButton("开始");
        btn.addActionListener(new ActionListener1());
        add(btn);
    }
    class ActionListener1 implements ActionListener
    {   public void actionPerformed(ActionEvent e)
        {   if(btn.getText()=="开始")    btn.setText("结束");
            else    btn.setText("开始");
        }
    }
}
```

【运行结果】 建立对应的 ButtonApplet.html，利用 appletviewer 运行 ButtonApplet.html，运行界面如图 13-1 所示。

（a）初始界面

（b）单击"开始"按钮后的界面

图 13-1 ButtonApplet 运行界面

【例 13-2】编写"猜数游戏"Applet 程序。系统自动生成 1 个 1～200 之间的随机整数，并在屏幕显示："有 1 个数，在 1～200 之间。猜猜看，这个数是多少？"

用户在文本行输入 1 个数，并按【Enter】键。如果输入的数过大，标签背景变红，同时显示"太大"；如果输入的数过小，标签背景变蓝，同时显示"太小"；如果输入的数正好，标签背景变白，同时显示"恭喜你！答对了！"

【解析】利用文本行 input 来输入数据，利用标签 message 来显示"太大"、"太小"等信息，机器产生的随机数放在变量 guessNum 中。input 的 ActionEvent 事件采用内部类 ActionListener1 的对象作为监听器。ActionListener1 实现 ActionListener 接口，实现其中的 actionPerformed()方法。当用户在 input 中输入数据并按【Enter】键时，事件监听器监听到 ActionEvent 事件，便执行 actionPerformed()方法，将输入的数据放入变量 guessed 中，并以 guessed 作为参数调用 guess()方法，将 guessed 与 guessNum 进行对比。如果 guessed<guessNum，guess()返回-1；如果 guessed>guessNum，guess()返回 1；否则，返回 0。根据 guess()的返回值，在 message 中显示"太小"或"太大"信息，直到用户输入的数据和产生的随机数相等，在 message 中显示"恭喜你！答对了！"。

【答案】程序代码如下：

```java
import java.awt.*;
import javax.swing.*;
import java.awt.event.*;
public class GuessNumber extends JApplet
{   private int guessNum;                            //要猜的数字
    private JLabel message;                          //显示提示信息
    private JTextField input;                        //数据输入区域
    public void init()
    {   guessNum=((int)(Math.random()*200))+1;  //产生1~200的随机数
        input=new JTextField(5);
        input.setBackground(Color.gray);
        message=new JLabel("有 1 个数，在 1~200 之间。猜猜看，这个数是多少?");
        message.setHorizontalAlignment(SwingConstants.CENTER);
        message.setFont(new Font("TimesRoman",Font.PLAIN,20));
        setLayout(new FlowLayout());
        add(input);
        add(message);
        input.addActionListener(new ActionListener1());
    }
    private int guess(int num)                       //进行比较并返回结果
```

```
{   if(num<this.guessNum)        return -1;
    else if(num>this.guessNum)    return 1;
    else return 0;
}
class ActionListener1 implements ActionListener
{   public void actionPerformed(ActionEvent e)
    {   int guessed=Integer.parseInt(input.getText());//获得输入的数字
        if(guess(guessed)==-1)
        {   message.setBackground(Color.BLUE);
            message.setText("太小");
            input.setText("");
        }
        else if(guess(guessed)==1)
        {   message.setBackground(Color.RED);
            message.setText("太大");
            input.setText("");
        }
        else if(guess(guessed)==0)
        {   message.setBackground(Color.WHITE);
            message.setText("恭喜你！答对了！");
        }
    }
}
}
```

【运行结果】建立对应的 GuessNumber.html，利用 appletviewer 运行 GuessNumber.html，运行界面如图 13-2 所示。

（a）初始界面

（b）输入太小数字后的界面

（c）输入太大数字后的界面

图 13-2　GuessNumber 运行界面

【例 13-3】以不同的字体显示 HelloWorld。

【解析】String 数组 fa 存放多种字体名，组合框 fontList 中显示存放在 fa 中的字体名，供用户选择。选择类 Myapplet1 的对象 this 作为 fontList 的 ItemEvent 事件的监听器，所以类 Myapplet1 实现 ItemListener 接口，实现其中的 itemStateChanged()方法。当用户选择 fontList 中的某个字体名时，触发 ItemEvent 事件，执行 itemStateChanged() 方法。在 itemStateChanged() 中，通过 fontList.getSelectedIndex()获得用户选择的字体名对应的序号，通过 fa[fontList.getSelectedIndex()]获得用户选择的字体名，通过 new Font(fontName, Font.PLAIN, 32)建立用户所选择字体对应的 Font 对象 font，利用 lbl.setFont(font)将标签 lbl 的字体设置为 font，最后通过 lbl.setText("Hello World!")使 lbl 中的 Hello World 按照用户选择的字体名显示。

【答案】程序代码如下：

```java
import java.awt.*;
import java.awt.event.*;
import javax.swing.*;
public class Myapplet1 extends JApplet implements ItemListener
{   String fa[]={"Serif","Dialog","Monospaced"};
    JComboBox fontList;
    Font font;
    JLabel lbl;
    public void init()
    {   Container c=getContentPane();
        c.setLayout(new BorderLayout());
        JPanel panel=new JPanel();
        panel.add(new JLabel("选择字体"));
        fontList=new JComboBox(fa);
        fontList.addItemListener(this);
        panel.add(fontList);
        c.add(panel,BorderLayout.NORTH);
        font=new Font(fa[0],Font.PLAIN,24);
        lbl=new JLabel("Hello World!");
        c.add(lbl,BorderLayout.SOUTH);
    }
    public void itemStateChanged(ItemEvent e)
    {   String fontName=fa[fontList.getSelectedIndex()];
        font=new Font(fontName,Font.PLAIN,32);
        lbl.setFont(font);
        lbl.setText("Hello World!");
    }
}
//Myapplet1.html
<HTML>
<BODY>
  <APPLET CODE="Myapplet1.class" WIDTH=200 HEIGHT=160>
  </APPLET>
</BODY>
</HTML>
```

【运行结果】建立 Myapplet1.html，利用 appletviewer 运行 Myapplet1.html，运行界面如图 13-3 所示。

（a）初始界面

（b）选择 Monospaced 后的界面

图 13-3　Myapplet1 运行界面

【例 13-4】在 HTML 文件中通过参数为 applet 传递信息。当用户单击时，使该信息显示在窗口的鼠标单击位置，并使窗口的背景颜色在绿色和橘色之间切换。

【解析】在 HTML 文件中，通过参数可以为 Applet 传递信息。例如，下列 HelloWorld.html 文件中通过<param>标记提供了 name 为 Message 的参数，其参数值通过 value 指定为"System Failure"。

```
//HelloWorld.html
<HTML>
<BODY>
  <APPLET CODE="HelloWorld.class" WIDTH=200 HEIGHT=160>
  <param name="Message"  value="System Failure">
  </APPLET>
</BODY>
</HTML>
```

在 Applet 中，通过 getParameter(String s)方法返回 HTML 文件中 name 为 s 的参数的值。如果 HTML 文件中没有 name 为 s 的参数，getParameter()的返回值为 null。

在 HelloWorld 类中，通过 getParameter("Message")获得 HTML 文件中 name 为 Message 的参数的值，并将该值存放在 String 型变量 msg 中。

由于要对鼠标在窗口内的单击进行响应，要对窗口注册 MouseEvent 事件监听器。监听器由继承 MouseAdapter 适配器类的 MyMouseAdapter 类对象担任，MyMouseAdapter 需要覆盖 MouseAdapter 中的 mouseClicked()方法。当用户在窗口内单击鼠标时，触发 MouseEvent 事件，监听器捕获到该事件后，执行 mouseClicked()方法。在 mouseClicked()中，通过 getX()和 getY()分别获得鼠标单击的位置，并分别存放在变量 x 和 y 中，通过 bground=(bground==Color.orange)? Color. green:Color.orange 使 Color 的对象 bground 在 green 和 orange 之间切换；最后通过 repaint()调用 paint()方法。

在 paint()方法中，通过 setBackground(bground)将窗口的背景色设置为 bground 存储的颜色，通过 drawString(msg,x,y)在(x,y)点（鼠标的单击点）显示 msg 中存放的值（HTML 中传递的参数值）。

【答案】程序代码如下：

```
import java.awt.*;
import java.awt.event.*;
import javax.swing.*;
public class HelloWorld extends JApplet
{    private String msg;                          //要显示的信息
     private int x,y;                             //信息的显示位置
     private Color bground;                       //窗口的背景颜色
```

```
public void init()                      //初始化窗口组件对象并注册鼠标事件监听器
{   msg=getParameter("Message");        //获得 HTML 文件中参数 Message 的值
    x=y=20;                             //初始化位置坐标
    setFont(new Font("Dialog",Font.BOLD,18));   //设定字体
    bground=Color.green;                //设定背景颜色
    addMouseListener(new MyMouseAdapter());     //注册鼠标事件监听器
}
public void paint(Graphics g)
{   setBackground(bground);             //设置窗口背景颜色
    g.drawString(msg,x,y);             //在指定位置显示信息
}
class MyMouseAdapter extends MouseAdapter
{  public void mouseClicked(MouseEvent e)
   {   x=e.getX();
       y=e.getY();
       bground=(bground==Color.orange)?Color.green:
Color.orange;
       repaint();
   }
  }
}
```

图 13-4　HelloWorld 运行界面

【运行结果】在命令行输入 appletviewer HelloWorld.html，运行 HelloWorld.html，得到图 13-4 所示的窗口。

13.2　课后习题解答

【习题 1】哪些情况发生时，paint()方法会被自动调用？

【答案】paint()用来绘制窗口，只要窗口需要重新绘制，如窗口的大小发生变化，由不活动状态再次变为活动状态等，paint()方法被调用。

【习题 2】Applet 类中，方法 init()、start()、stop()和 destroy()何时被调用？

【答案】当 Applet 所在的网页第一次被加载或重新加载时调用 init()方法，所以 init()方法仅被调用 1 次；执行完 init()方法以后，就执行 start()方法，或者当用户离开 Applet 所在网页一段时间以后，又重新回到其所在网页（即重新激活该网页）时，再次执行 start()方法；当用户离开 Applet 所在网页，使该网页变成不活动状态，或者最小化网页时执行 stop()方法；当用户关闭网页时执行 destroy()方法。

【习题 3】编写一个 Applet 程序，使其在窗口中以红色显示以下内容：

```
This is my applet.
```

【解析】使用 drawString()方法绘制字符串，该函数有 3 个参数：字符串以及水平和竖直坐标。使用 setColor()方法设置字符颜色。

【答案】程序代码如下：

```
//MyFirstApplet.java
import java.awt.Graphics;
import java.awt.Color;                    //导入 Color 类
import javax.swing.JApplet;
public class MyFirstApplet extends JApplet
```

```
{  public void paint(Graphics g)
   {    g.setColor(Color.red);                           //设置红色
        g.drawString("This is my applet.",100,100);//在窗口绘制字符串
   }
}
```

【运行结果】建立对应的 HTML 文件并运行之，运行界面如图 13-5 所示。

图 13-5 MyFirstApplet 运行界面

【习题 4】编写一个 Applet 程序，使其在窗口中以红色、蓝色、绿色循环显示以下内容：

`Applet program.`

【解析】通过线程的休眠，每经过一段时间修改颜色控制变量 j 的值，并调用 repaint()方法重绘窗口，实现在窗口中以红色、蓝色、绿色循环显示字符串的目的。

【答案】程序代码如下：

```
//MySecondApplet.java
import  javax.swing.JApplet;
import java.awt.*;
public class MySecondApplet extends JApplet implements Runnable
{  int j=0;                                //由 j 的值决定字符的显示颜色
   Thread thread;
   public void init()
   {  thread=new Thread(this);
      thread.start();
   }
   public void stop()
   {  thread.destroy();                     //终止当前线程
      thread=null;                          //删除线程对象
   }
   public void run()
   {   while(true)
      {    repaint();                       //刷新窗口，显示不同颜色的字符串
           j++;
           j=j%3;
           try
           { Thread.sleep(2000);
           }
           catch(InterruptedException e){  }
      }
   }
```

```
public void paint(Graphics g)
{  while(true)
    {                                          //循环显示不同颜色的字符串
        switch(j){                             //根据不同的 j 值设置相应的绘图颜色
            case 0: g.setColor(Color.red);     //设置字符颜色为红色
                break;
            case 1: g.setColor(Color.blue);    //设置字符颜色为蓝色
                break;
            case 2: g.setColor(Color.green);}  //设置字符颜色为绿色
        g.drawString("Applet program.",20,80); //绘制字符串
    }
  }
}
```

【运行结果】运行界面如图 13-6 所示。

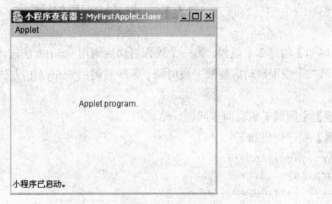

图 13-6　MySecondApplet 运行界面

第14章 多线程

14.1 典型例题解析

【例 14-1】创建 2 个线程，第一个线程启动后调用 wait()方法进入阻塞状态，等待另一个线程来唤醒；第二个线程启动后睡眠一段时间，苏醒后调用 notifyAll()方法唤醒处于阻塞状态的另一个线程。

【解析】本题属于线程同步问题。

【答案】程序代码如下：

```
import java.lang.*;
import java.io.*;
public class AppletThread
{   public static void main(String args[])
    {   Object dummy=new Object();
        Thread1 t1=new Thread1(dummy);              //创建线程对象 t1
        Thread2 t2=new Thread2(dummy);
        t1.start();                                 //启动线程 t1
        t2.start();
    }
}
class Thread1 extends Thread
{   Object dummy;                                   //声明 Object 类对象 dummy
    public Thread1(Object s)
    {   dummy=s;
        System.out.println("Thread1 is constructed");
    }
    public void run()
    {   try
        {   System.out.println("Thread1 starts");
            System.out.println("Thread1 waits for Thread2 to notify it");
            synchronized(dummy)
            {   dummy.wait();                       //处于等待状态
            }
            System.out.println("Thread1 is wakened up by thread2");
        }
         catch(Exception e)
```

```
            {}
        }
    }
}
class Thread2 extends Thread
{   Object dummy;
    public Thread2(Object s)
    {   dummy=s;
        System.out.println("Thread2 is constructed");
    }
    public void run()
    {   try
        {   System.out.println("Thread2 starts");
            sleep(10000);
            synchronized(dummy)
            {   dummy.notifyAll();          //唤醒处于等待状态的线程
            }
        }
        catch ( Exception e)
        {}
    }
}
```

【运行结果】

```
Thread1 is constructed
Thread2 is constructed
Thread1 starts
Thread1 waits for Thread2 to notify it
Thread2 starts
Thread1 is wakened up by thread2
```

【例 14-2】编写多线程程序，显示目前正在运行的线程名和目前的活动线程数。

【解析】java.lang.Thread 类中封装了很多创建线程对象的构造方法、对线程进行调度和处理的方法。构造方法 Thread(String name)用来创建名字为 name 的线程对象，线程的名字可以通过 getName()方法返回，方法 setName(String name)用来将线程的名字更改为 name，类方法 activeCount()返回当前所有活动线程的数目，类方法 currentThread()返回当前正在执行的线程对象（引用）。

【答案】程序代码如下：

```
public class TestThread
{   public static void main(String args[])
    {   MyThread t1=new MyThread("T1");
        MyThread t2=new MyThread("T2");
        t1.start();
        t2.start();
        System.out.println("活动的线程数: "+Thread.activeCount());
        System.out.println("main()运行完毕");
    }
}
class MyThread extends Thread
{   public MyThread(String s)
    {   super(s);
    }
```

```
        public void run()
        {   for(int i=1;i<=3;i++)
            {   System.out.println(getName()+"第"+i+"次运行");
                try
                {       sleep((int)(Math.random()*100));
                }
                catch(InterruptedException e)
                {       e.printStackTrace();
                }
            }
            System.out.println(getName()+"结束");
        }
    }
```

【运行结果】

活动的线程数: 3
main()运行完毕
T1第1次运行
T2第1次运行
T2第2次运行
T2第3次运行
T2结束
T1第2次运行
T1第3次运行
T1结束

【例14-3】利用实现 Runnable 接口编写多线程程序，显示目前正在运行的线程名和目前的活动线程数。

【解析】如果一个类实现了 Runnable 接口，可以使用以下构造方法创建线程对象：

```
Thread(Runnable target,String name)
Thread(Runnable target)
```

其中，参数 target 是实现 Runnable 接口的类对象。第一个构造方法创建的新线程名字为 name，而第二个构造方法创建的新线程没有指定名字，系统将自动生成，如 Thread_1、Thread_2 等。

Runnable 接口中只有 1 个抽象方法 run()，实现 Runnable 接口的类必须实现 run()方法。

【答案】程序代码如下：

```
public class TestRunnable
{   public static void main(String args[])
    {   MyRunnable r1=new MyRunnable("A");
        MyRunnable r2=new MyRunnable("B");
        Thread t1=new Thread(r1,"线程1");
        Thread t2=new Thread(r1,"线程2");
        t1.start();
        t2.start();
        System.out.println("活动的线程数: "+Thread.activeCount());
        System.out.println("main()运行完毕");
    }
}
class MyRunnable implements Runnable
{   private String s;
    public MyRunnable(String s)
```

```
{    this.s=s;
}
public void run()
{    for(int i=1;i<=3;i++)
    {    System.out.println(Thread.currentThread().getName()+"第"+i+"
次运行,s="+s);
            try
            {    Thread.currentThread().sleep((int)(Math.random()*100));
            }
            catch(InterruptedException e)
            {    e.printStackTrace();
            }
        }
        System.out.println(Thread.currentThread().getName()+"结束");
    }
}
```

【运行结果】

活动的线程数: 3
线程 1 第 1 次运行,s=A
线程 2 第 1 次运行,s=A
main()运行完毕
线程 1 第 2 次运行,s=A
线程 2 第 2 次运行,s=A
线程 1 第 3 次运行,s=A
线程 2 第 3 次运行,s=A
线程 1 结束
线程 2 结束

【例 14-4】编程实现：窗口中有 4 个标签，其标题文本分别是"标签 1"、"标签 2"、"标签 3"和"标签 4"，通过多线程技术使各标签按照一定的时间间隔显示或隐藏。

【解析】通过继承 JFrame 的类 MyWindow 使窗口包含标题文本分别是"标签 1"、"标签 2"、"标签 3"和"标签 4"的标签，4 个标签用包含 4 个元素的标签数组 label 表示。通过继承 Thread 的类 WindowThread 来控制标签的显示及隐藏。在 WindowThread 中，含有成员变量 myWindow、j 和 time，myWindow 表示该线程对象要使用的窗口，j 表示该线程对象控制的标签在 label 中的元素下标，即该线程控制标签 label[j]，time 表示 label[j]显示及隐藏的时间（以 ms 为单位）。

WindowThread 类的构造方法 WindowThread 有 3 个参数，分别传递给类 WindowThread 的 3 个成员变量，分别表示该线程对象要使用的窗口 myWindow，j 表示该线程对象控制的标签在 label 中的元素下标 j 和 label[j]显示及隐藏的时间 time。

在 main()方法中，首先产生 MyWindow 类的对象 myWindow，再以 myWindow 作为要使用的窗口，分别创建 WindowThread 的 4 个线程对象：w1、w2、w3 和 w4，最后分别启动线程对象 w1、w2、w3 和 w4。

【答案】程序代码如下：

```
import java.awt.*;
import java.awt.event.*;
import javax.swing.*;
class MyWindow extends JFrame
{    JLabel[] label;                              //声明 JLabel 类数组对象 label
```

```java
    public MyWindow()
    {   label=new JLabel[4];                        //创建 label 数组对象
        Container c=getContentPane();
        c.setLayout(new GridLayout(2,2,20,20));
        for(int i=0;i<4;i++)
        { label[i]=new JLabel("   标签   "+(i+1));//创建 label[i]
          c.add(label[i]);
        }
        setSize(100,100);
        setVisible(true);;
    }
}
public class WindowThread extends Thread
{   int j,time;
    MyWindow myWindow;
    public WindowThread(MyWindow myWindow,int j,int time)
    {   this.myWindow=myWindow;
        this.j=j;
        this.time=time;
    }
    public void run()
    {   while(true)
        try
        {       myWindow.label[j].setVisible(true);      //使 label[j]可见
                Thread.sleep(time);   //延时 time 毫秒
                myWindow.label[j].setVisible(false);      //使 label[j]隐藏
                Thread.sleep(time);   //延时 time 毫秒
        }
        catch(InterruptedException e) { }
    }
    public static void main(String args[])
    {   MyWindow myWindow=new MyWindow();
        WindowThread w1=new WindowThread(myWindow,0,5000);
        WindowThread w2=new WindowThread(myWindow,1,6000);
        WindowThread w3=new WindowThread(myWindow,2,3000);
        WindowThread w4=new WindowThread(myWindow,3,4000);
        w1.start();
        w2.start();
        w3.start();
        w4.start();
    }
}
```

【运行结果】程序的运行界面如图 14-1 所示。

（a）显示 4 个标签的界面

（b）显示 3 个标签的界面

图 14-1　WindowThread 运行界面

14.2　课后习题解答

【习题 1】何为线程和多线程？怎样激活线程？

【答案】线程是可以独立、并发执行的程序单元。多线程指程序中同时存在多个执行体，它们按照自己的执行路线并发工作，独立完成各自的功能，互相不干扰。

通过继承 Thread 类实现多线程的方法是首先定义 Thread 的子类，再使用 start()方法激活线程。通过 Runable 接口实现多线程的方法是首先定义一个实现 Runnable 接口的类，再建立该类的对象，以此对象为参数建立 Thread 类的对象，调用 Thread 类对象的 start()方法激活线程。

【习题 2】如何建立多线程？

【答案】有两种方法可以建立多线程：

（1）通过继承 Thread 类来实现多线程。其方法是首先定义 Thread 类的子类，然后根据工作需要重新设计线程的 run()方法，再使用 start()方法启动线程，将执行权转交给 run()。

（2）通过实现 Runnable 接口来实现多线程。其方法是首先定义一个 Runnable 接口的类，然后根据工作需要重新设计线程的 run()方法；再建立该类的对象，以此对象为参数建立 Thread 类的对象；调用 Thread 对象的 start()方法启动线程，将执行权转交到 run()方法。

【习题 3】线程的生命周期有哪几种状态？各状态分别用哪些方法切换？

【答案】线程有以下几种状态：

（1）新生状态：用 new 关键字和 Thread 类或其子类建立一个线程对象后，该线程对象就处于新生状态。处于新生状态的线程有自己的内存空间，通过调用 start()方法进入就绪状态。

（2）就绪状态：处于就绪状态的线程已经具备了运行条件，但还没有分配到 CPU，因而将进入线程队列，等待系统为其分配 CPU。一旦获得 CPU，线程就进入运行状态并自动调用自己的 run()方法。

（3）运行状态：在运行状态的线程执行自己的 run()方法中的代码，直到调用其他方法而终止、或等待某资源而阻塞或者任务完成。

（4）阻塞状态：处于运行状态的线程在某些情况下，如执行了 sleep()（睡眠）方法，或等待 I/O 设备等资源，让出 CPU 并暂时停止自己的运行，进入阻塞状态。

（5）死亡状态：死亡状态是线程生命周期中的最后一个阶段。线程死亡的原因有两个：一个是正常运行的线程完成了它的全部工作，另一个是线程被强制性地终止，如通过 stop()或 destroy()方法来终止一个线程。

【习题 4】编写具有两个线程的程序，第一个线程用来计算 2～100 000 之间的质数及个数，第二个线程用来计算 100 000～200 000 之间的质数及个数。

【解析】程序采用继承 Thread 类实现多线程。在 run()方法内求解指定范围内的所有质数。在 main()方法内实例化两个线程（类对象），并调用 start()方法启动这两个线程。

【答案】程序代码如下：

```
public class UseThread extends Thread
{    int st,en,count=0;              //st 和 en 分别表示质数所在范围的下限和上限
    UseThread(int m,int n)
```

```
    {   this.st=m;
        this.en=n;
    }
    public void run()
    {   for(int m=st;m<=en;m++)
        {   boolean isPrime=true;
            for(int i=2;i<m;i++)
                if(m%i==0)
                {   isPrime=false;
                    break;
                }
            if(isPrime)    count++;
        }
        System.out.println(st+"～"+en+"之间一共有 "+count+" 个质数");
    }
    public static void main(String[] args)
    {   UseThread thread1=new UseThread(2,100000);
        UseThread thread2=new UseThread(100000,200000);
        thread1.start();
        thread2.start();
    }
}
```

【运行结果】

java UseThread
2～100000 之间一共有 9592 个质数
100000～200000 之间一共有 8392 个质数

第**15**章 数据库编程

15.1 典型例题解析

【例 15-1】JDBC API 的组成。

【答案】JDBC API 分为两个不同的层，如图 15-1 所示。应用程序层是前端开发人员用来编写应用程序的；驱动程序层是由数据库厂商或专门的驱动程序生产厂商开发的。

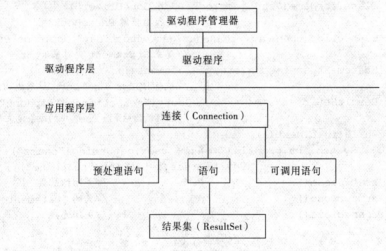

图 15-1 JDBC API 的组成

【例 15-2】编程显示数据库 PhoneBook.mdb 中表 telphone 的记录。

【解析】要编写数据库应用程序，首先要建立数据库，图 15-2 为所示的 Access 数据库；然后在 Java 程序中连接已经建立好的数据库，并使用 SQL 语句对数据库进行操作。本例利用 JDBC-ODBC 桥驱动程序连接数据库，还需要为数据库建立数据源 PhoneBook。

程序中的主要任务如下：

（1）加载数据库驱动程序：Class.forName("sun.jdbc.odbc.JdbcOdbcDriver");

（2）连接 PhoneBook 数据源；

（3）建立 Statement 类对象；

（4）调用 executeQuery()方法执行 SQL 语句。

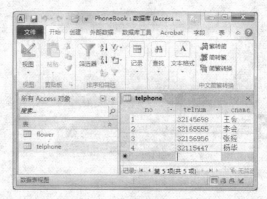

图 15-2　表 telphone 的记录

【答案】程序代码如下：

```
//UseJDBC.java
import java.sql.*;                           //导入 Java 的 sql 包
public class UseJDBC
{   public static void main(String args[]) throws SQLException,ClassNotFound-
Exception
    {                                       //加载 JDBC 驱动程序
        Class.forName("sun.jdbc.odbc.JdbcOdbcDriver");
                                            //连接数据源 PhoneBook
        Connection conn=DriverManager.getConnection("jdbc:odbc:PhoneBook");
                                            //建立 Statement 类对象 stmt
        Statement stmt=conn.createStatement();
                                            //执行 SQL 语句 select，结果返回到结果集 rset
        ResultSet rset=stmt.executeQuery("select*from telphone");
                                            //循环输出结果集 rset 中的每条记录
        while(rset.next())
            System.out.println("姓名:"+ rset.getString("cname")+"\t"+
                        "电话:"+ rset.getString("telphone"));
        rset.close();                       //关闭结果集
        stmt.close();                       //关闭 Statement 类对象
        conn.close();                       //关闭连接
    }
}
```

【运行结果】对图 15-2 中的记录，程序的运行结果如下：

姓名:王会　　　电话:32145698
姓名:李会　　　电话:32165555
姓名:张经　　　电话:32156956
姓名:杨华　　　电话:32115447

【例 15-3】编程为数据库 PhoneBook.mdb 中表 flower 插入一条记录（名称：rose，价格：1.5）。

【解析】首先为 PhoneBook.mdb 数据库建立数据源 PhoneBook，然后在 Java 程序中利用 JDBC-ODBC 桥驱动程序连接数据源 PhoneBook，并使用 SQL 语句对数据库进行操作。

【答案】程序代码如下：

```
//UseJDBC2.java
import java.sql.*;                           //导入 Java 的 sql 包
public class UseJDBC2
```

```
{  public static void main(String args[]) throws SQLException,ClassNotFound-
Exception
    {                                               //加载 JDBC 驱动程序
    Class.forName("sun.jdbc.odbc.JdbcOdbcDriver");
                                                    //连接数据源 PhoneBook
    Connection conn=DriverManager.getConnection("jdbc:odbc:PhoneBook");
                                                    //建立 Statement 类对象 stmt
    Statement stmt=conn.createStatement();
    stmt.executeUpdate("insert into flower values('rose',1.5)");
    stmt.close();
    conn.close();
    }
}
```

【运行结果】程序运行后，表中记录如图 15-3 所示，其中首行记录为程序所插入的记录。

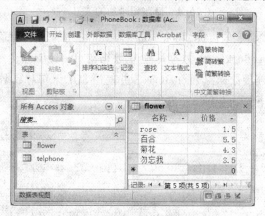

图 15-3　插入记录后的表 flower

【例 15-4】编程实现：修改数据库 PhoneBook.mdb 中表 flower 的一条记录（将名称值为 rose 的记录的价格值更改为 5）。

【解析】首先为 PhoneBook.mdb 数据库建立数据源 PhoneBook，然后在 Java 程序中利用 JDBC-ODBC 桥驱动程序连接数据源 PhoneBook，并使用 SQL 语句对数据库进行操作。

【答案】程序代码如下：

```
//UseJDBC3.java
import java.sql.*;                                  //导入 Java 的 sql 包
public class UseJDBC3
{  public static void main(String args[]) throws SQLException,ClassNotFound-
Exception
    {                                               //载入 JDBC 驱动程序
    Class.forName("sun.jdbc.odbc.JdbcOdbcDriver");
                                                    //连接数据源 PhoneBook
    Connection conn=DriverManager.getConnection("jdbc:odbc:PhoneBook");
                                                    //建立 Statement 类对象 stmt
    Statement stmt=conn.createStatement();
    stmt.executeUpdate("update flower set 价格=5 where 名称='rose' ");
    stmt.close();
    conn.close();
    }
}
```

【运行结果】程序运行后，表中记录如图 15-4 所示，其中首行记录为程序所修改的记录。

图 15-4   修改记录后的表 flower

【例 15-5】编程删除数据库 PhoneBook.mdb 中表 flower 的记录（删除名称值是 rose 的记录）。

【解析】首先为 PhoneBook.mdb 数据库建立数据源 PhoneBook，然后在 Java 程序中利用 JDBC-ODBC 桥驱动程序连接数据源 PhoneBook，并使用 SQL 语句对数据库进行操作。

【答案】程序代码如下：

```java
//UseJDBC4.java
import java.sql.*;                          //导入 Java 的 sql 包
public class UseJDBC4
{    public static void main(String args[]) throws SQLException,ClassNotFound-
Exception
    {                                       //加载 JDBC 驱动程序
        Class.forName("sun.jdbc.odbc.JdbcOdbcDriver");
                                            //连接数据源 PhoneBook
        Connection conn=DriverManager.getConnection("jdbc:odbc:PhoneBook");
                                            //建立 Statement 类对象 stmt
        Statement stmt=conn.createStatement();
        stmt.executeUpdate("delete from  flower  where 名称='rose'  ");
        stmt.close();
        conn.close();
    }
}
```

【运行结果】对图 15-4 中的表记录，程序执行后的结果如图 15-5 所示。

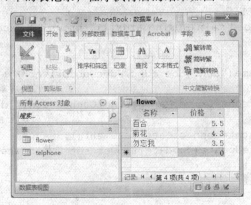

图 15-5   删除记录后的表 flower

15.2　课后习题解答

【习题1】解释下列名词：数据库、关系型数据库、记录、SQL、JDBC。

【答案】（1）数据库：数据库是长期存储在计算机内的、有组织、可共享的数据集合。

（2）关系型数据库：关系型数据库中以表为单位组织数据，表是由行和列组成的二维表格。

（3）记录：记录是关系数据库表中的各行数据，其中每一行称为一条记录。

（4）SQL：结构化查询语言（Structured Query Language），是一种建立在关系演算基础上的数据库语言，用于对关系型数据库进行定义和操纵。

（5）JDBC：（Java数据库连接，Java Database Connectivity）是由Sun公司提供的与平台无关的数据库连接标准，它将数据库访问封装在少数几个方法内，使用户可以极其方便地查询数据库、插入新数据、更改数据。JDBC是一种规范，目前各大数据库厂商基本都提供JDBC驱动程序，使得Java程序能独立运行于各种数据库之上。

【习题2】简述JDBC的功能和特点。

【答案】通过使用JDBC，Java程序可以方便地连接各种类型的数据库，拓展了Java与平台无关的特性。它将数据库访问封装在少数几个方法内，使用户可以极其方便地执行查询数据库、插入数据、更改数据等操作。

【习题3】什么是数据库前端开发工具？其主要作用和任务是什么？

【答案】用于数据库Client端开发的工具称为数据库前端开发工具。它的主要任务是实现具有友好用户界面和完善的数据访问操作功能的应用程序，使得远离存储于Server中数据的用户可以通过Client端的应用程序来方便地使用这些数据。Java是众多数据库前端开发工具中最具有吸引力的一种，尤其适合开发基于Browser/Server结构的数据库应用系统。

【习题4】简述使用JDBC完成数据库操作的基本步骤。

【答案】使用JDBC操作数据库需要以下几个步骤：

（1）加载驱动程序。要连接数据库，首先要加载JDBC驱动程序。加载JDBC驱动程序的语句是：

```
Class.forName(JDBC驱动程序名);
```
例如，要加载JDBC-ODBC桥驱动程序，使用以下语句：
```
Class.forName("sun.jdbc.odbc.JdbcOdbcDriver");
```

（2）连接数据库。加载了JDBC驱动程序以后，就可以连接数据库了。连接数据库使用语句：
```
Connection 对象名=DriverManager.gecConnection(数据库URL,用户账号,用户密码)
```
如果连接成功，则返回一个Connection类对象，以后所有对数据库的操作都可以使用这个对象进行。例如，加载了JDBC-ODBC桥驱动程序以后，就可以使用下面的语句连接数据源myDB所代表的数据库了：
```
Connection con=DriverManager.getConnection("jdbc:odbc:myDB","jekey","1234")
```
如果连接成功，就可以通过con对象对数据库myDB进行操作了。

（3）执行SQL。连接上数据库以后，就可以对数据库进行查询、更改或添加数据等操作了。执行SQL语句需要建立Statement类对象。具体如下：

Statement 对象名=**Connection** 类对象名.createStatement();

建立了 Statement 类对象以后，就可以执行 SQL 语句了。要执行查询数据的 SELECT 语句，可以通过 executeQuery()方法来实现。要执行插入、更改或删除记录的 SQL 语句，可以通过 executeUpdate()方法来实现。

（4）关闭连接。对数据库操作完成后，调用 close()方法，将与数据库的连接关闭，包括关闭 Connection 类对象、Statement 类对象和 ResultSet 类对象。

【习题 5】编程实现以下功能：

（1）在数据库中建立一个表，表名为学生，其结构为：学号、姓名、性别、年龄、成绩。

（2）在学生表中输入 4 条记录（自己设计具体数据）。

（3）将每个人的成绩增加 10%。

（4）将每条记录按照成绩由大到小的顺序显示到屏幕上。

（5）删除成绩不合格的学生记录。

【解析】首先建立数据源，在 D 盘新建一个 Access 数据库，名字为 myDB。然后配置该数据源，名称仍使用 myDB。为简单起见，不设置登录用户名和密码。

按照使用 JDBC 操作数据库的一般步骤：

首先加载 JDBC 驱动程序，本题加载 JDBC-ODBC 桥驱动程序；再与数据库建立连接；然后依次执行习题中所要求的操作。每次操作完成后显示操作结果。

【答案】程序代码如下：

```java
import java.sql.*;
public class UseJdbc
{   public static void main(String args[])
    {   try
        {            /*加载驱动程序*/
            Class.forName("sun.jdbc.odbc.JdbcOdbcDriver");
        }
        catch(ClassNotFoundException ce)
        {    System.out.println(ce.toString());
        }
        try
        {            /*和数据库建立连接*/
            Connection con=DriverManager.getConnection("jdbc:odbc:myDB");
            Statement stmt=con.createStatement();    /*建立 Statement 类对象*/
            ResultSet rs;                      /**结果集对象*/
            System.out.println("创建数据库表");    /**在数据库中建立表的 SQL 语句*/
            String createSql="create table student(num int primary key,"+
                    "name varchar(32),sex varchar(8),age int,grade int)";
            stmt.executeUpdate(createSql);              /**执行建立表的语句*/
            System.out.println("插入数据");
            /**向表中插入一条记录的 SQL 语句*/
            String insertSql1="insert into student (num,name,sex,age,grade)
    values(1, '张三','男',22,80)";
            stmt.executeUpdate(insertSql1);              /**执行插入操作*/
            String insertSql2="insert into student (num,name,sex,age,grade)
    values(2, '王菲','女',23,90)";
            stmt.executeUpdate(insertSql2);
```

```
        String insertSql3="insert into student (num,name,sex,age,grade)
values(3, '李四','男',21,50)";
        stmt.executeUpdate(insertSql3);
    String insertSql4="insert into student (num,name,sex,age,grade) values
(5,'王五','男',22,70)";
        stmt.executeUpdate(insertSql4);
        System.out.println("显示插入以后的结果");
        String querySql="select * from student";        /**SQL 查询语句*/
        rs=stmt.executeQuery(querySql);
        while(rs.next())                                    /**输出查询结果*/
        {   System.out.println("学号:"+rs.getInt("num")+
" 姓名:"+rs.getString("name")+" 性别:"+rs.getString("sex")+
" 年龄:"+rs.getInt("age")+" 成绩:"+rs.getInt("grade"));
        }
        System.out.println("修改成绩"); /**执行修改功能的 SQL 语句*/
        String updateSql="update student set grade=grade*(1.1)";
        stmt.executeUpdate(updateSql);        /**执行修改*/
                                /**重新显示表中的所有记录,以形成对比*/
        System.out.println("显示修改以后的结果");
        String querySql2="select*from student";
        rs=stmt.executeQuery(querySql2);
        while(rs.next())
        {   System.out.println("学号:"+rs.getInt("num")+
" 姓名:"+rs.getString("name")+" 性别:"+rs.getString("sex")+
" 年龄:"+rs.getInt("age")+" 成绩:"+rs.getInt("grade"));
        }
        System.out.println("按照成绩降序显示记录");
        /**按照降序查询的 SQL 语句*/
        String querySql3="select*from student order by grade desc";
        rs=stmt.executeQuery(querySql3);
        while(rs.next())
        {    System.out.println("学号:"+rs.getInt("num")+
" 姓名:"+rs.getString("name")+" 性别:"+rs.getString("sex")+
" 年龄:"+rs.getInt("age")+" 成绩:"+rs.getInt("grade"));
        }
        System.out.println("删除成绩不及格的学生记录");
                /**删除成绩不及格的学生记录的 SQL 语句*/
        String deleteSql="delete * from student where grade<60";
        stmt.executeUpdate(deleteSql);    /**执行删除操作*/
                /**再次显示删除以后的结果*/
        rs=stmt.executeQuery(querySql3);
        while(rs.next())
        {   System.out.println("学号:"+rs.getInt("num")+
" 姓名:"+rs.getString("name")+" 性别:"+rs.getString("sex")+
" 年龄:"+rs.getInt("age")+" 成绩:"+rs.getInt("grade"));
        }
        rs.close();                        //关闭结果集
        stmt.close();                      //关闭 Statement 类对象
        con.close();                       //关闭数据库连接
    }
```

```
        catch(SQLException se)
        {    System.out.println(se.toString());
        }
    }
}
```

【运行结果】

创建数据库表

插入数据

显示插入以后的结果

学号:1 姓名:张三 性别:男 年龄:22 成绩:80

学号:2 姓名:王菲 性别:女 年龄:23 成绩:90

学号:3 姓名:李四 性别:男 年龄:21 成绩:50

学号:5 姓名:王五 性别:男 年龄:22 成绩:70

修改成绩

显示修改以后的结果

学号:1 姓名:张三 性别:男 年龄:22 成绩:88

学号:2 姓名:王菲 性别:女 年龄:23 成绩:99

学号:3 姓名:李四 性别:男 年龄:21 成绩:55

学号:5 姓名:王五 性别:男 年龄:22 成绩:77

按照成绩降序显示记录

学号:2 姓名:王菲 性别:女 年龄:23 成绩:99

学号:1 姓名:张三 性别:男 年龄:22 成绩:88

学号:5 姓名:王五 性别:男 年龄:22 成绩:77

学号:3 姓名:李四 性别:男 年龄:21 成绩:55

删除成绩不及格的学生记录

学号:2 姓名:王菲 性别:女 年龄:23 成绩:99

学号:1 姓名:张三 性别:男 年龄:22 成绩:88

学号:5 姓名:王五 性别:男 年龄:22 成绩:77

第16章 网络编程

16.1　典型例题解析

【例 16-1】编程实现：利用 URL 类将网站网页复制到本地计算机。

【解析】为网站网页文件创建 URL 类对象，调用 URL 类对象的 openStream() 方法创建对应的 InputStream 类对象及 BufferedReader 类对象。为本地计算机文件创建 BufferedWriter 类对象。调用 BufferedReader 类对象的 readLine() 方法，每次从网站网页文件读出一行；调用 BufferedWriter 类对象的 write() 方法，每次向本地文件写入一行；循环进行，直到将网站网页文件内容全部复制到本地文件中。

【答案】程序代码如下：

```java
import java.net.*;
import java.io.*;
public class URLCopy
{ public static void main(String args[]) throws Exception
  { URL url=new URL("http://www.xjtu.edu.cn:80/index.html");
    InputStream inStream=url.openStream();
    BufferedReader in=new BufferedReader(new InputStreamReader(inStream));
    FileWriter fw1=new FileWriter("c:\\java1\\dataFile.html");
    BufferedWriter bw=new BufferedWriter(fw1);
    String line;
    while((line=in.readLine())!=null)
    {   bw.write(line);
        bw.newLine();
    }
    in.close();
    bw.close();
  }
}
```

说明：可以利用 args[] 参数接收 Web 网站网页文件（或其他类型文件）URL 地址及本地计算机文件的目录和文件名，使程序的文件复制功能具有通用性。

【例 16-2】编程实现：利用 URLConnection 类将服务器文件复制到本地计算机。

【解析】为服务器文件创建 URL 类对象，调用 URL 类对象的 openConnection() 方法创建

URLConnection 类对象，调用 URLConnection 类对象的 getInputStream()方法创建对应的 InputStream 类对象及 BufferedReader 类对象。为本地计算机文件创建 BufferedWriter 类对象。调用 BufferedReader 类对象的 readLine()方法，每次从服务器文件读出一行；调用 BufferedWriter 类对象的 write()方法，每次向本地文件写入一行；循环进行，直到将服务器文件内容全部复制到本地文件中。利用 args[0] 接受服务器文件的 URL 地址，利用 args[1]接收本地计算机文件的目录及文件名。

【答案】程序代码如下：

```
import java.net.*;
import java.io.*;
public class URLConnectionCopy
{ public static void main(String args[]) throws Exception
  { URL url=new URL(args[0]);
    URLConnection conn=url.openConnection();
    InputStream inStream=conn.getInputStream();
    BufferedReader in=new BufferedReader(new InputStreamReader(inStream));
    FileWriter fw1=new FileWriter(args[1]);
    BufferedWriter bw=new BufferedWriter(fw1);
    String line;
    while((line=in.readLine())!=null)
    {   bw.write(line);
        bw.newLine();
    }
    in.close();
    bw.close();
  }
}
```

【运行结果】

```
java  URLConnectionCopy  http://www.xjtu.edu.cn:80/index.html  c:\\java1\\
dataFile1.html
```

【例 16-3】利用 TCP Socket 编程实现：客户机连续地将从键盘输入的信息发送到服务器，服务器在屏幕上显示所接收到的信息；当客户机键盘输入 end 时，结束双方通信。

【解析】在客户机程序中，创建 Socket 类对象，向服务器发送连接请求。调用 Socket 类对象的 getOutputStream()方法，生成对应的 OutputStream 类对象，再创建对应的 PrintWriter 类对象，用于向服务器发送字符串类信息。为键盘创建 PrintWriter 类对象，用于从键盘输入字符串。每次从键盘输入一行信息，调用 PrintWriter 类对象的 println()方法，将所输入的信息发送给服务器，直到输入 bye 为止。

在服务器程序中，创建 ServerSocket 类对象，监听客户机连接请求。调用 ServerSocket 类对象的 accept()方法捕获客户机连接请求，生成对应连接的 Socket 类对象；每次调用 BufferedReader 类对象的 readLine()方法读取一行信息，并将此信息在屏幕显示，直到接收到 bye 为止。

【答案】客户机程序 ClientContinue.java 内容如下：

```
import java.net.*;
import java.io.*;
public class ClientContinue
{   public static void main(String args[])
    {   Socket csocket=null;
```

```
    BufferedReader sin;
    PrintWriter csockOut;
    String s1;
    try
    {   csocket=new Socket("127.0.0.1",8800);
        sin=new BufferedReader(new InputStreamReader(System.in));
        csockOut=new PrintWriter(csocket.getOutputStream());
        do
        {   s1=sin.readLine();
            csockOut.println(s1);
            csockOut.flush();
        }
        while(!s1.equals("bye"));
        System.out.println("Client ends!");
        csockOut.close();
        sin.close();
        csocket.close();
    }
    catch(Exception e)
    {       System.out.println(e.toString());}
    }
}
```

服务器程序 ServerContinue.java 内容如下:

```
import java.net.*;
import java.io.*;
public class ServerContinue
{   public static void main(String args[]) throws IOException
    {   ServerSocket serverSocket=null;
        Socket ssocket=null;
        BufferedReader ssockIn;
        serverSocket=new ServerSocket(8800);
        ssocket=serverSocket.accept();
        ssockIn=new BufferedReader(new InputStreamReader(ssocket.getInputStream()));
        String s=ssockIn.readLine();
        while(!s.equals("bye"))
        {   System.out.println("Server receiving: "+s);
            s=ssockIn.readLine();
        }
        System.out.println("Server end!");
        ssockIn.close();
        ssocket.close();
        serverSocket.close();
    }
}
```

【运行结果】

客户机端:

java ClientContinue
Hello,Server!
Nice to chat with you!

```
Sorry,I have to go.
bye
Client ends!
```
服务器端：

```
java ServerContinue
Server receiving: Hello,Server!
Server receiving: Nice to chat with you!
Server receiving: Sorry, I have to go.
Server end!
```

【例 16-4】利用 DatagramSocket 类检测被占用的计算机端口号。

【解析】建立绑定端口号的 DatagramSocket 类对象时，如果该端口已经被某应用进程占用，将触发 SocketException 类异常。在 catch(SocketException e)块中输出被占用的端口号。通过参数 args[0]和 args[1]接收要扫描的端口范围。

【答案】程序代码如下：

```
import java.net.*;
public class UDPScan
{ public static void main(String args[])
    { int port1,port2;
      port1=Integer.parseInt(args[0]);
      port2=Integer.parseInt(args[1]);
      for(int port=port1;port<=port2;port++)
      try
      {    DatagramSocket server=new DatagramSocket(port);
           server.close();
      }
      catch(SocketException e)
      {    System.out.println("There is service at port "+port+"."); }
      }
}
```

【运行结果】

```
java UDPScan 1 500
There is service at port 123.
There is service at port 445.
```

说明：运行程序时的输出结果取决于计算机上端口的具体占用情况。

16.2 课后习题解答

【习题 1】一个完整的 URL 由哪几部分组成？

【答案】一个完整的 URL 由 4 部分组成：协议、主机地址、端口号、文件名。

协议表示网络资源使用的协议，常用的应用层协议有 HTTP、FTP、Telnet、SNMP、SMTP 等。

主机地址用域名或 IP 地址表示，是 Internet 上每台主机的唯一标识。域名采用层次结构，每一层构成一个子域名，子域名之间用 "." 隔开，自左至右分别为：计算机名、网络名、机构名、最高域名。IP 地址是给 Internet 中的每台主机分配的一个 32 位二进制数，每台主机都有唯一的 IP 地址。IP 地址分割成 4 段，每段的取值范围为 0～255，并用 "." 隔开。

端口号是给运行在主机上的服务进程指定的一个 16 位二进制数，用以区分一台主机上运行的不同进程。常用的服务进程都分配了特定（默认）的端口号，如给 Web 服务（HTTP）指定的端口号是 80，给文件传输（FTP）指定的端口号是 21。默认端口号可以省略。

文件名描述了文件在主机上的地址及文件名。

例如在 http://192.168.1.220:80/index.html 中，http 是 Web 服务器使用的协议，80 是端口号（可以省略），192.168.1.220 是服务器的 IP 地址，index.html 是位于服务器的根目录位置的文件名。

【习题 2】简述 TCP Socket 通信机制，并说明客户机如何与服务器进行通信。

【答案】Socket（套接字）是用于 TCP 流式通信的编程接口。Socket 通信是一种基于连接的通信机制。在通信开始之前，通信双方"确认身份"并建立一条专用的连接通道，然后通过这条通道传输数据信息进行双向通信，通信结束后再将所建立的连接拆除。

（1）建立连接：服务器程序利用 ServerSocket 类对象在某一端口监听客户机的连接请求；客户机程序利用 Socket 类对象向服务器的指定端口发送连接请求；服务器监听到来自某一客户机的连接请求时，就建立与该客户机的连接，生成对应该连接的 Socket 类对象。

（2）数据通信：客户机程序和服务器程序分别为各自的 Socket 类对象创建输入流和输出流；客户机程序借助输出流向对服务器发送服务请求（信息），服务器程序借助输入流接收客户机的服务请求，并借助输出流向客户机提供服务（信息）；客户机程序借助输入流接收服务器提供的服务，实现了客户机和服务器之间的双向通信。

（3）拆除连接：通信结束后，客户机和服务器分别将各自的输入输出流及 Socket 类对象关闭，拆除双方之间的连接。

【习题 3】简述 URL 与 Socket 通信方式的区别。

【答案】URL（Uniform Resource Locator，统一资源定位符）是 Internet 中对网络资源进行统一定位和管理的标识。URL 描述了资源使用的协议、主机地址、端口号文件名。Java 中的 URL 类为使用 HTTP、FTP、FILE 等应用层协议直接访问 Internet 资源提供了一种捷径，使得应用程序可以很方便地访问各种网络资源。

Socket 为基于 TCP 的通信提供了一种底层编程接口。使用 TCP 通信时，双方需要通过 Socket 建立连接，并为 Socket 建立输入输出流，利用输入输出流实现双向通信。

【习题 4】利用 URL 类读取网络上的 html 文件，统计其（内容）行数，并将第 10、20、30 等行内容在屏幕上显示。文件 URL 路径通过命令行指定，请编程实现。

【解析】利用命令行参数接收文件的 URL 路径，创建对应的 URL 类对象，调用 openStream() 方法打开对应的输入流，统计文件内容的行数，并将指定的行在屏幕上显示。

【答案】程序代码如下：

```java
import java.net.*;
import java.io.*;
public class URLReader
{ public static void main(String args[]) throws Exception
  {   URL url1=new URL(args[0]);
      InputStream inStream=url1.openStream();
      BufferedReader in=new BufferedReader(new InputStreamReader(inStream));
      int lineNo=0;
      String line;
```

```
        while((line=in.readLine())!=null)
    {   lineNo++;
        if (lineNo%10==0)      System.out.println(line);}
        System.out.println("Number of Line: "+lineNo);
        in.close();
    }
}
```

【运行结果】

```
java URLReader http://www.xjtu.edu.cn/index.html
<script type="text/javascript" src="AloeR/js.js"></script>
...
</script>
```

【习题 5】利用 TCP Socket 编程实现：客户机请求服务器产生一个 0～100 之间的随机整数，服务器接收请求并向客户机发送所产生的随机数。

【解析】在服务器程序中，建立 ServerSocket 类对象，在某一端口监听来自客户机的连接请求；调用 ServerSocket 类的 accept()方法，捕获客户机的连接请求，创建与该请求对应的 Socket 类对象，建立与客户机的连接；创建 InputStream 类对象，接收客户机的服务请求；创建 OutputStream 类对象，向客户机发送所产生的随机整数。

在客户机程序中，创建 Socket 类对象，向服务器的某一端口发送连接请求；创建 OutputStream 类对象，向服务器发送服务请求；创建 InputStream 类对象，接收服务器发送的整数。

利用(int)(Math.random()*100)表达式产生 0～100 之间的随机整数，调用 DataOutputStream 类的 writeInt()方法发送整数，调用 DataInputStream 类的 readInt()读取整数。

【答案】服务器程序 ServerRandom1.java 内容如下：

```
import java.net.*;
import java.io.*;
public class ServerRandom1
{ public static void main(String args[]) throws IOException
    { ServerSocket serverSocket=null;
        Socket ssocket=null;
        BufferedReader ssockIn;
        DataOutputStream ssockOut;
        int number;
        String s;
        serverSocket=new ServerSocket(8800);
        ssocket=serverSocket.accept();
        ssockIn=new BufferedReader(new InputStreamReader(ssocket.getInputStream ()));
        s=ssockIn.readLine();
        System.out.println("Accepted request:"+s);
        ssockOut=new DataOutputStream(ssocket.getOutputStream());
        number=(int)(Math.random()*100);
        ssockOut.writeInt(number);
        ssockOut.close();
        ssockIn.close();
        ssocket.close();
        serverSocket.close();
    }
}
```

客户机程序 ClientRandom1.java 内容如下：

```java
import java.net.*;
import java.io.*;
public class ClientRandom1
{  public static void main(String args[])
    {  Socket csocket=null;
       DataInputStream csockIn;
       PrintWriter csockOut;
       int no;
       try
       {   csocket=new Socket("127.0.0.1",8800);
           csockIn=new DataInputStream(csocket.getInputStream());
           csockOut=new PrintWriter(csocket.getOutputStream());
           csockOut.println("Hello,send a random between 0 and 100,please!");
           csockOut.flush();
           no=csockIn.readInt();
           System.out.println("Received integer: "+no);
           csockOut.close();
           csockIn.close();
           csocket.close();
       }
       catch(Exception e)
       { System.out.println(e.toString());}
    }
}
```

【运行结果】

服务器端：

```
java ServerRandom1
Accepted request: Hello,send a random between 0 and 100,please!
```

客户机端：

```
java ClientRandom1
Received integer: 25
```

说明：运行客户机程序时显示的整数是一个随机数。

【习题 6】利用 UDP 数据报编程实现：客户机从键盘输入一行信息，将其发送到服务器；服务器接收到此信息后，在屏幕显示该信息并将其再发送回客户机；客户机接收到此信息后，在自己屏幕显示此信息。

【解析】在服务器程序中，创建绑定端口的 DatagramSocket 类对象，并创建不需要指定主机地址和端口号的 DatagramPacket 类对象，调用 DatagramSocket 类的 receive()方法接收客户机数据报；接收到客户机发送的数据报后，将信息在屏幕显示，并分别调用 getAddress()方法和 getPort()方法获取客户机的地址和端口号，再调用 DatagramSocket 类的 send()方法将接收到的信息再发送回客户机。

在客户机程序中，创建不绑定端口的 DatagramSocket 类对象，并创建指定主机地址和端口号的 DatagramPacket 类对象，调用 DatagramSocket 类的 send()方法将从键盘输入的信息发送给服务器；调用 DatagramSocket 类的 receive()方法接收服务器发送回的信息，并在自己屏幕显示此信息。

【**答案**】服务器程序 UDPInServer.java 内容如下：

```java
import java.net.*;
import java.io.*;
public class UDPInServer
{ public static void main(String args[])
    { DatagramSocket socket1=null;
        DatagramPacket packet1=null;
        String s1;
        byte buf1[]=new byte[256];
        InetAddress address1=null;
        int port1; ·
        try
        { socket1=new DatagramSocket(1080);
            packet1=new DatagramPacket(buf1,buf1.length);
            socket1.receive(packet1);
            s1=new String(packet1.getData());
            System.out.println("Received Input from Client: "+s1);
            port1=packet1.getPort();
            address1=packet1.getAddress();
            packet1=new DatagramPacket(buf1,buf1.length,address1,port1);
            socket1.send(packet1);
            Thread.sleep(2000);
        }
        catch(Exception e)
        { System.out.println(e.toString());}
        packet1.close();
        socket1.close();
    }
}
```

客户机程序 UDPInClient.java 内容如下：

```java
import java.net.*;
import java.io.*;
public class UDPInClient
{ public static void main(String args[])
    { DatagramSocket socket=null;
        DatagramPacket packet=null;
        InetAddress address=null;
        String s;
        byte buf[]=new byte[256];
        byte ip[]={(byte)127,(byte)0,(byte)0,(byte)1};
        BufferedReader bin=new BufferedReader(new InputStreamReader(System.in));
        try
        { address=InetAddress.getByAddress(ip);
            socket=new DatagramSocket();
            s=bin.readLine();
            buf=s.getBytes();
            packet=new DatagramPacket(buf,buf.length,address,1080);
            socket.send(packet);
            Thread.sleep(2000);
            packet=new DatagramPacket(buf,buf.length);
```

```
            socket.receive(packet);
            s=new String(packet.getData());
            System.out.println("Received Feedback from Server: "+s);
        }
        catch(Exception e)
        {   System.out.println(e.toString()); }
        }
    }
```

【运行结果】

客户机端：

java UDPInClient
I am Client.
Received Feedback from Server: I am Client.

服务器端：

java UDPInServer
Received Input from Client: I am Client.

第二部分 上机实验及各实验程序代码

第17章 上机实验

上机实验一 Java 开发环境

【实验目的】

（1）安装 Java SE。

（2）熟悉 Java SE 开发环境。

（3）了解 Java Application 的程序结构。

【实验内容】

（1）安装 Java SE。JDK 是由 Sun 公司所推出的 Java 开发工具包，Java SE 提供了标准的 JDK 开发平台，学习 Java 必须从 Java SE 开始。由于 Sun 公司已被 Oracle 公司收购，现在需要在 Oracle 公司的网站下载 JDK。目前 Oracle 公司发布的版本是 JDK 7.0（或称 JDK 1.7），用户可以登录 Oracle 公司网站 http://www.oracle.com 免费下载。下载软件是自解压的压缩文件，运行该压缩文件，按照屏幕提示操作，即可完成安装。

（2）设置 Java SE。为了方便编译和运行 Java 程序，需要对 Java SE 进行设置。设置方法非常简单，只需要对 Path 和 Classpath 这两个环境变量进行正确设置。假定 Java SE 的安装目录为 C:\Program Files\Java\jdk1.7.0_09，需要给 Path 增加 C:\Program Files\Java\jdk1.7.0_09\bin 路径，给 Classpath 增加.;C:\Program Files\Java\jdk1.7.0_09\lib\ tools.jar; c:\Program Files\java\jdk1.7.0_09\lib\dt.jar 路径，其中"."表示当前目录。

（3）使用 Java SE 命令。Java SE 主要包含以下命令，应该熟练掌握。

Javac 命令：程序 javac.exe 的功能是编译 Java 源程序，命令格式为

```
javac Java 源程序文件名.java
```

Java 源程序文件的扩展名为.java，编译时必须列出。经过编译得到的字节码文件基本名保持不变，扩展名为.class，称为类文件。

利用 Windows 的记事本或其他文本编辑器输入如下 Java 源程序：

```
public class Example
{ public static void main(String args[])
```

```
{  System.out.println("Hello Java!");
  }
}
```

将该程序以文件名 Example.java 保存在磁盘的某一目录，如 C:\java。

注意：在记事本中保存文件时，应该选择文件的保存类型为文本文档，并在输入文件名时，用引号将文件名括起来，以防系统在所输入的文件名之后再加.txt 扩展名。

进入命令行执行方式，在命令行输入以下命令：

```
javac Example.java
```

编译源程序 Example.java，生成类文件 Example.class。

Java 命令：运行 Java 类文件使用的解释程序是 java.exe，命令格式为

```
java  Java 类文件名
```

注意：Java 类文件的扩展名为.class，但在运行时不必列出。

要运行前面生成的类文件 Example.class，在命令行输入以下命令：

```
java Example
```

如果成功运行，将得到程序的运行结果，在屏幕上显示：Hello Java!

【实验要求】

（1）安装 Java SE。首先从 Oracle 公司网站 http://www.oracle.com 或其他网站下载 Java SE，或从教师提供的光盘获取 Java SE，然后将 Java SE 安装到某一指定目录。

（2）设置 Java SE。根据具体的 Java SE 安装目录，进行设置。

（3）使用 Java SE 命令。利用文本编辑器输入实验内容部分指定的 Java 源程序，并编译和运行之。

上机实验二　数据类型与表达式

【实验目的】

（1）掌握 Java 语言的各种数据类型。

（2）熟悉运算符和表达式。

（3）学会编写简单程序。

【实验内容】

（1）下面是一个简单的 Java 程序，将多种类型变量通过各种运算符组成不同的表达式，并将运算结果赋值给同类型的变量，使用 println()方法输出各变量的值。

```
public class ExampleTest
{  public static void main(String args[])
   {   int no=(11+20)*3/5;                      //A 行
       System.out.println("no="+no);
       no++;                                    //B 行
       System.out.println("no="+no);
       boolean bool=false;                      //C 行
       bool=true&&!bool;                        //D 行
       System.out.println("bool="+bool);
       byte bValue=0x10;                        //E 行
       System.out.println("bValue="+bValue);
```

```
        bool=(no>bValue);                              //F 行
        System.out.println("bool="+bool);
    }
}
```

分析、上机编译并运行该程序。

（2）编写一个 Java 程序，计算半径为 3.0 的圆周长和面积并输出它们的值。

注意：半径为 r 的圆周长为 $2\pi r$，面积为 πr^2。

（3）编写一个 Java 程序，计算给定底和高的直角三角形的斜边长。

注意：直角三角形的斜边长 length=Math.sqrt(base*base+height*height)，其中 base 和 height 为两条直角边的边长。

【实验要求】

（1）分析程序中 A 行～F 行各运算符的作用、表达式的功能和表达式的值，并和程序输出结果比较。

（2）为了使程序易读，在程序中添加适当的注释；为了使程序输出结果清晰明了，应该输出相应的提示性信息；上机编译并运行该程序。

（3）首先将变量 base、height 和 length 都定义为 double 型，编译并运行程序；将 length 类型更改为 float 型后（其他保持不变），再编译该程序，观察会出现什么结果并分析原因。

上机实验三　基本控制结构

【实验目的】

（1）掌握条件语句。

（2）掌握循环语句。

（3）掌握通过命令行参数接收数据的方法。

【实验内容】

（1）求 a+aa+aaa+…+a…a（n 个），其中 a 为 1～9 之间的整数。例如，当 a=3、n=4 时，求 3+33+333+3 333。

（2）给定一个正整数 m，判断它的位数，分别打印每一位数字，再按照逆序打印出各位数字。

（3）鸡和兔装在同一笼中，已知它们在一起共有 f 只脚、h 只头，求有多少只鸡和多少只兔。

【实验要求】

（1）从命令行输入 1～9 之间的整数 a，当所求的和大于 10^6 时，输出相应的 a 值及所求的和值。

（2）从命令行输入正整数 m，m 的值不应该超过 99 999，否则给出错误信息。

（3）从命令行输入正整数 f 和 h（f 和 h 要满足一定的条件），计算并输出鸡和兔的数目。

上机实验四　方　　法

【实验目的】

（1）掌握方法的定义和调用技术。

（2）掌握方法的参数传递技术。

（3）了解方法的递归技术。

【实验内容】

（1）编写判断素数的方法。

（2）编写打印 Fibonacci 数列的方法。

（3）编写计算 x" 的递归方法。

【实验要求】

（1）判断素数的方法通过参数形式接收待判断的数。如果是素数，输出"Yes, XXX is a prime"信息；否则输出"No, XXX is not a prime"信息。其中，XXX 代表待判断的数。运行程序时，待判断的数通过命令行参数输入。

（2）打印 Fibonacci 数列的方法通过参数形式接收打印的项数。运行程序时，打印的项数通过命令行参数输入。

（3）计算 x" 的递归方法通过参数形式接收 x 和 n。计算后的输出格式为：x**n=XXX。其中，XXX 代表 x" 的值。运行程序时，x 和 n 的值通过命令行参数输入。

上机实验五　数　　组

【实验目的】

（1）掌握数组的定义和使用方法。

（2）熟悉数组的排序、查找等算法。

（3）掌握字符数组的使用方法。

【实验内容】

（1）编写数组的排序程序。

（2）编写折半查找法的程序。

（3）编程实现：产生一个 1~12 之间的随机整数，并根据该随机整数的值，输出对应月份的英文名称。

（4）编程实现：建立包含 10 个字符串数据的一维数组，每个字符串数据的格式为月月/日日/年年，例如 06/25/13，将每个日期采用 25th June 2013 的格式输出。

【实验要求】

（1）在数组的排序程序中，随机产生 20 个整数，对其按照升序进行排列，并对排序前后的数组按照每行 5 个数的方式输出。

（2）通过命令行输入一个数，在排序后的数组中，采用折半查找法查找该数在数组中的位置。如果查找到该数，输出信息：XXX:Y。其中，XXX 代表待查找数，Y 代表该数在数组中的位置（下标）。

（3）用赋初值的方法将 1~12 月的英文月份名赋给数组元素，根据所产生的随机整数值，输出对应的数组元素值。

（4）用赋初值的方法将 10 个日期格式的字符串数据赋予数组元素，然后按照指定格式输出。

上机实验六　类 和 对 象

【实验目的】

（1）掌握类和构造方法的定义。

（2）理解静态和非静态成员变量的区别。

（3）掌握创建对象的方法。

【实验内容】

（1）设计一个 Dog 类，有名字、颜色和年龄属性，定义构造方法初始化这些属性，定义输出方法 show()显示其信息。编写应用程序使用 Dog 类。

（2）编写一个学校类，其中包含成员变量 line（录取分数线）和对该变量值进行设置和获取的方法。

编写一个学生类，它的成员变量有考生的 name（姓名）、id（考号）、total（综合成绩）、sports（体育成绩）。它还有获取学生的综合成绩和体育成绩的方法。

编写一个录取类，它的一个方法用于判断学生是否符合录取条件。其中录取条件为：综合成绩在录取分数线之上，或体育成绩在 96 分以上并且综合成绩大于 300。在该类的 main()方法中，创建若干个学生类对象，对符合录取条件的学生，输出其信息及 "被录取"。

【实验要求】

（1）Dog 类的构造方法带有 3 个参数分别接收名字、颜色、年龄。

（2）学生类的构造方法带有 4 个参数，分别接收学生的姓名、考号、综合成绩和体育成绩。学校类仅包含静态成员变量和方法。

上机实验七　类的继承和多态机制

【实验目的】

（1）掌握类的继承机制。

（2）熟悉类中成员变量和方法的访问控制。

（3）掌握方法的多态性。

【实验内容】

（1）设计一个表示用户的类 User，类中有用户名、口令（私有的）和记录用户数（静态）的成员变量。定义类的构造方法，设置和获取口令的方法及返回类对象信息的方法（包括用户名和口令）。编写应用程序测试 User 类。

（2）设计一个表示二维平面上点的类 Point，具有表示坐标位置的 protected 类型的成员变量 x 和 y，获取和设置 x 和 y 值的 public 方法。

设计一个表示二维平面上圆的类 Circle，它继承自类 Point，具有表示圆半径的 protected 类型的成员变量 r、获取和设置 r 值的 public 方法、计算圆面积的 public 方法。

设计一个表示圆柱体的类 Cylinder，它继承自类 Circle，具有表示圆柱体高的 protected 类型的成员变量 h、获取和设置 h 值的 public 方法、计算圆柱体体积的 public 方法。

建立若干个 Cylinder 类对象,输出其轴心位置坐标、半径和高及其体积的值。

【实验要求】

(1) User 类有 3 个构造方法(没有参数;有 1 个参数用于初始化用户名;有 2 个参数分别用于初始化用户名和口令)。

(2) Point、Circle 和 Cylinder 类都具有带有参数的构造方法,用于初始化成员变量。子类的构造方法调用父类的构造方法,初始化父类中的成员变量。

上机实验八 接 口 和 包

【实验目的】

(1) 熟悉抽象类和接口的用法。

(2) 了解 Java 语言实现多继承的途径。

【实验内容】

(1) 定义一个抽象类 Shape,它包含一个抽象方法 getArea(),从 Shape 类派生出 Rectangle 和 Circle 类,这两个类都用 getArea()方法计算对象的面积。编写应用程序使用 Rectangle 和 Circle 类。

(2) 学校中有教师和学生两类人,而在职研究生既是教师又是学生。设计两个接口 StudentInterface 和 TeacherInterface。其中,StudentInterface 接口有 setFee()和 getFee()方法,分别用于设置和获取学生学费;TeacherInterface 接口有 setPay()和 getPay()方法,分别用于设置和获取教师工资。

定义一个研究生类 Graduate,实现 StudentInterface 接口和 TeacherInterface 接口,它的成员变量有 name(姓名)、sex(性别)、age(年龄)、fee(每学期学费)和 pay(月工资)。

创建一个名为"zhangsan"的研究生,统计他的年收入和学费,如果收入减去学费不足 2 000 元,则输出"You need a loan!"(需要贷款)信息,否则输出"You income is enough!"信息。

【实验要求】

(1) 定义 Rectangle 和 Circle 类的构造方法,初始化成员变量。

(2) 在 Graduate 中实现各个接口声明的抽象方法。

上机实验九 异 常 处 理

【实验目的】

(1) 熟悉异常处理机制。

(2) 掌握常见异常的捕获方法。

【实验内容】

(1) 编写一个程序,触发和捕获 NegativeArraySizeException 和 IndexOutOfBoundsException 类型的异常。

(2) 在(1)的基础上,再触发和捕获 NullPointerException 类型的异常。

(3) 阅读下列的 divide(int[],int)方法,指出 catch(ArithmeticException e)、catch (ArrayIndexOutOfBoundsException e)和 finally 块中的语句分别在什么情况下执行。

```
public static int divide(int[] array,int index)
{   try
    {   System.out.println("\nFirst try block in divide() entered");
        array[index+2]=array[index]/array[index+1];
        System.out.println("Code at end of try block in divide()");
        return array[index+2];
    }
    catch(ArithmeticException e)
    {   System.out.println("Arithmetic exception caught in divide()");
    }
    catch(ArrayIndexOutOfBoundsException e)
    {   System.out.println("Index_out_of_bounds exception caught in divide()");
    }
    finally
    {       System.out.println("finally block in divide()");
    }
    System.out.println("Executing code after try block in divide()");
    return array[index+2];
}
```

（4）通过下列的 main(String[])方法，调用（3）中的 divide(int[],int)方法，分析其运行结果，并与在计算机上的实际运行结果比较。

```
public static void main(String args[])
{   int x[]={10,5,0}; //Array of three integers
    try
    {   System.out.println("First try block in main() entered");
        System.out.println("result="+divide(x,0));//NOerror
        x[1]=0; //Will cause a divide by zero
        System.out.println("result="+divide(x,0));//Arithmetic error
        x[1]=1; //Reset to prevent divide by zero
        System.out.println("result="+divide(x,1));//Index error
    }
    catch(ArithmeticException e)
    {   System.out.println("Arithmetic exception caught in main()");
    }
    catch(ArrayIndexOutOfBoundsException e)
    {   System.out.println("Index_out_of_bounds_exception caught in main()");
    }
    System.out.println("Outside first try block in main()");
    System.out.println("\nPress Enter to exit");
      //This try block is just to pause the program before returning
    try
    {   System.out.println("In second try block in main()");
        System.in.read(); //Pauses waiting for input
        return;
    }
    catch(IOException e)  //The read() method can throw exceptions
    {   System.out.println("I/0 exception caught in main()");
    }
    finally //This will always be executed
    {   System.out.println("finally block for secondtry block in main()");
```

```
    }
        System.out.println("Code after secondtry block in main()");
    }
}
```

【实验要求】

（1）程序中触发并捕获到 NegativeArraySizeException 和 IndexOutOfBoundsException 类型的异常，并显示捕获到的异常信息。

（2）在（1）的基础上触发并捕获到 NullPointerException 类型的异常，并显示捕获到的异常信息。

（3）通过分析指出 catch(ArithmeticException e)、catch(ArrayIndexOutOfBoundsException e)和 finally 块中语句的执行条件。

（4）对于给定的 main(String[])方法，通过理论分析程序的运行结果（显示信息）。上机实际运行程序，将实际得到的运行结果和分析结果进行比较，判断是否真正地熟悉了异常的处理机制。

上机实验十　输入与输出

【实验目的】

（1）熟悉流的操作方法。

（2）应用流读写磁盘文件。

【实验内容】

（1）利用流在屏幕上显示文本文件内容及文件的路径、修改时间、大小、长度、可读性和可修改性等属性。

（2）利用流向文本文件添加记录并显示其记录内容。

【实验要求】

（1）文件名通过命令行以参数方式输入。程序需要判断参数所表示文件的存在性。

（2）待添加的记录通过键盘输入，文件内容在屏幕上显示。

上机实验十一　图形用户界面

【实验目的】

（1）熟悉 AWT 标签、文本框、文本行、按钮等组件的使用方法。

（2）熟悉事件处理方法。

【实验内容】

（1）设计一个简易计算器，如图 17–1 所示。在"操作数"标签右侧的两个文本行输入操作数，当单击操作符＋、－、×、÷按钮时，对两个操作数进行运算并将结果填入到"结果"标签右侧的文本行中。

（2）编写文本移动程序，窗口如图 17–2 所示。窗口中有两个文本区和两个按钮，文本区分别位于窗口的左边和右边区域，

图 17–1　简易计算器界面

两个按钮位于窗口的中间区域，当单击"→"按钮时，将左边文本区中选中的内容添加到右边文本区的末尾；当单击"←"按钮时，将右边文本区中选中的内容添加到左边文本区的末尾。（可参考第 11 章课后习题 7。）

提示：在文本区中，可以使用 getSelectedText()方法获得通过鼠标拖动选中的文本。可以将"→"和"←"按钮放入 Panel 组件中，再将 Panel 组件加入窗口。

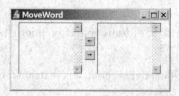

图 17-2　文本移动程序窗口

【实验要求】

（1）对于组件在窗口中的位置，尽量按要求摆放。

（2）响应窗口的关闭操作事件。

上机实验十二　Swing 组件

【实验目的】

（1）熟悉 Swing 组件的用法。

（2）熟悉事件处理方法。

【实验内容】

（1）编写"背单词"程序。系统从词库中随机抽取英文单词，通过一个 JLabel 组件显示对应的中文，让用户在 JTextField 组件中输入英文单词。如果用户输入的英文单词出错，按【Enter】键后，系统在另一个 JLabel 组件显示"对不起！答错了！"，直到用户输入正确英文单词，按【Enter】键后，系统显示"恭喜你！答对了！"。该过程可以持续进行，直到用户结束程序。

提示：英文词库和对应的中文词库可以通过字符串数组实现。程序编写可参照第 12 章课后习题 6。

（2）编写一个简单的个人简历录入程序。可以通过文本行输入姓名，通过单选按钮选择性别，通过组合框选择籍贯和文化程度，并在文本框中显示所填写及选择的信息。请自行安排版面，使其美观。（程序编写可参照第 12 章课后习题 7。）

【实验要求】

（1）合理布局组件在窗口中的位置，使界面美观。

（2）响应窗口的关闭操作事件。

上机实验十三　Applet 程序

【实验目的】

（1）熟悉 Applet 类。

（2）掌握 Applet 的程序结构。

（3）学会编写启动 Applet 程序的 HTML 文档。

（4）观察 Applet 程序生命周期。

【实验内容】

（1）编写 Applet 程序 1，显示 init()、start()、stop()、paint()和 destroy()方法的执行顺序和执行次数。

（2）编写 Applet 程序 2，在屏幕上画一组同心圆，相邻两圆的直径大小相差 10（pixel）（画满整个屏幕）。

（3）编写 Applet 程序 3，在屏幕上画椭圆。椭圆的大小和位置由拖动鼠标决定（按下鼠标左键位置决定椭圆的左上角，释放鼠标左键位置决定椭圆的右下角）。

【实验要求】

（1）编写调用 Applet 程序 1 的 HTML 文档 1，利用 appletviewer 运行 HTML 文档 1，启动 Applet 程序 1。改变 Applet 窗口大小，使其最大化、最小化，查看 init()、start()、stop()、paint()和 destroy() 方法的执行情况。

（2）编写调用 Applet 程序 2 的 HTML 文档 2，利用 appletviewer 运行 HTML 文档 2，启动 Applet 程序 2。改变 Applet 窗口大小，观察同心圆个数的变化情况。

（3）编写调用 Applet 程序 3 的 HTML 文档 3，利用 appletviewer 运行 HTML 文档 3，启动 Applet 程序 3。在不同位置拖动鼠标，观察所绘制的椭圆。

上机实验十四　多　线　程

【实验目的】

（1）熟悉利用 Thread 类建立多线程的方法。

（2）熟悉利用 Runnable 接口建立多线程的方法。

【实验内容】

（1）阅读下列程序，分析并上机检验其功能。

```
class DelayThread extends Thread
{ private static int count=0;
  private int no;
  private int delay;
  public DelayThread()
  { count++;
    no=count;
  }
  public void run()
  { try
    { for(int i=0;i<10;i++)
      { delay=(int) (Math.random()*5000);
        sleep(delay);
        System.out.println("Thread "+no+" with a delay "+delay);
      }
    }
```

```
        catch (InterruptedException e)
        {  }
    }
}
public class MyThread
{ public static void main(String args[])
    { DelayThread thread1=new DelayThread();
      DelayThread thread2=new DelayThread();
      thread1.start();
      thread2.start();
      try
      { Thread.sleep(1000);
      }
      catch (InterruptedException e)
      {    System.out.println("Tthread wrong");
      }
    }
}
```

（2）将上列程序利用 Runnable 接口改写，并进行上机检验。

【实验要求】

（1）首先分析程序功能，再通过上机运行验证自己的分析。

（2）总结利用 Runnable 接口和 Thread 类建立多线程的异同点。

上机实验十五　　数据库编程

【实验目的】

（1）熟悉 SQL 命令集。

（2）学会编写加载数据库驱动和连接数据库的 Java 程序。

（3）应用 Java.sql 包中的类和接口编写操作数据库的应用程序。

【实验内容】

首先建立一个数据库，在此基础上通过编程实现以下功能：

（1）在数据库中建立一个表，表名为职工，其结构为：编号、姓名、性别、年龄、工资、是否党员。

（2）在表中输入多条记录（自己设计具体数据）。

（3）将年龄在 45 岁以上的员工工资增加 15%，其他人增加 10%。

（4）将每条记录按照工资由大到小的顺序显示到屏幕上。

（5）删除工资超过 1 500 的员工记录。

【实验要求】

（1）使用的数据库系统不受限制，可以是小型数据库系统（如 MS Access、VFP、MySQL）或其他大型数据库（如 SQL Server）等。

（2）使用的 JDBC 不受限制，可以使用 Java SE 中提供的 JDBC–ODBC 桥，也可以使用其他数据库专用的 JDBC。

（3）在每项操作前后，分别显示相应信息，以验证操作是否正确完成。

上机实验十六　网 络 编 程

【实验目的】

（1）熟悉基于 TCP Socket 通信的客户机和服务器连接建立方法。

（2）熟悉基于 TCP Socket 的流式输入和输出方法。

【实验内容】

利用 TCP Socket 技术开发基于命令行方式的简易网络聊天程序。一方作为客户端，另一方作为服务器端。每一方都通过键盘输入信息，并将输入的信息发送给另一方；另一方接收对方发送的信息，并将接收到的信息在屏幕上显示。当输入"bye"时，结束聊天。

【实验要求】

（1）通过 args[]参数接收服务器地址和端口号。

（2）首先用自己计算机模拟服务器，在两个 DOS 命令行窗口分别运行客户机程序和服务器程序，进行"聊天"；接着两个同学一组，分别运行客户机程序和服务器程序，进行聊天。

程序代码实验一　Java 开发环境程序代码

【实验题目】

利用 Windows 的记事本或其他文本编辑器输入如下 Java 源程序。

【程序】程序代码如下：

```java
public class Example
{ public static void main(String args[])
  {   System.out.println("Hello Java!");
  }
}
```

程序代码实验二　数据类型与表达式程序代码

【实验题目 1】

编写一个 Java 程序，计算半径为 3.0 的圆周长和面积并输出它们的值。

注意：半径为 r 的圆周长为 $2\pi r$，面积为 πr^2。

【程序】程序代码如下：

```java
public class Circle
{    public static void main(String args[])
    {   double r,p,s;
        r=3.0;
        p=2*3.1416*r;
        s=3.1416*r*r;
        System.out.println("The perimeter is "+p);
        System.out.println("The area is "+s);
    }
}
```

【实验题目 2】

编写一个 Java 程序，计算给定底和高的直角三角形的斜边长。

注意：直角三角形的斜边长 length=Math.sqrt(base*base+height*height)，其中 base 和 height 为两条直角边的边长。

【程序】程序代码如下：

```
public class RightAngledTriangle
{ public static void main(String args[])
  {   double base=Double.parseDouble(args[0]);
      double height= Double.parseDouble(args[1]);
      double length=Math.sqrt(base*base+height*height);
      System.out.println("hypotenuse="+length);
  }
}
```

程序代码实验三　基本控制结构程序代码

【实验题目1】

求 a+aa+aaa+…+a…a（n个），其中 a 为 1~9 之间的整数。例如，如当 a=3、n=4 时，求 3+33+333+3 333。

【程序】程序代码如下：

```
public class Series
{ public static void main(String args[])
  {   int a=Integer.parseInt(args[0]);            //字符串转换为整数
    long sum=0;
    int temp=0;
    while (sum<=1000000)                          //求 a+aa+aaa+…+aaaa
    {   temp=temp*10+a;
        sum+=temp;
    }
    System.out.println("a="+a+"sum="+sum);        //输出结果
  }
}
```

【实验题目2】

给定一个正整数 m，统计它的位数，分别打印每一位数字，再按照逆序打印出各位数字。

【程序】程序代码如下：

```
public class Number
{   public static void main(String args[])
  {   int m,k,i=0,n,w=1;
    k=Integer.parseInt(args[0]);
    m=k;
    System.out.print("Reverse Order:");
    while(m>0)
    {   n=m%10;
        m=m/10;
        System.out.print(n+"  ");                //逆序输出每一位数字
        i++;                                     //统计位数
        w=w*10;                                  //存放 m 的取值范围
    }
```

```
        m=k;
        System.out.println("\nDigital Number:"+i);
        System.out.print("Right Order:");
        w=w/10;
        while(w>=1)
        {   n=m/w;
            System.out.print(n+"  ");                    //顺序输出每一位
            m=m%w;
            w=w/10;
        }
    }
}
```

【实验题目 3】

鸡和兔装在同一笼中，已知它们在一起共有 f 只脚、h 只头，求有多少只鸡和多少只兔。

【程序】 程序代码如下：

```
public class ChickenRabbit
{   public static void main(String args[])
    {   int f,h;
        int chicken,rabbit;
        f=Integer.parseInt(args[0]);
        h=Integer.parseInt(args[1]);
        if (f%2!=0||h%2!=0)
        {   System.out.println("The number of foot or head is wrong!");
            return;
        }
        rabbit=f/2-h;
        chicken=h-rabbit;
        if((rabbit*4+chicken*2)!=f||(rabbit+chicken)!=h)
        {   System.out.println("The number of foot or head is wrong!");
        }
        else
        {   System.out.println("chicken: "+chicken);
            System.out.println("rabbit: "+rabbit);
        }
    }
}
```

程序代码实验四　方法程序代码

【实验题目 1】

编写判断素数的方法。

【程序】 程序代码如下：

```
public class Prime                                 //判断是否是素数
{   public static void prime(int n)
    {   int i;
        for(i=2;i<=n/2;i++)
            if(n%i==0) break;
            if(i>n/2)      System.out.println(n+" is a prime");
            else           System.out.println(n+" is not a prime");
    }
```

```
    public static void main(String args[])
    {    int n;
        n=Integer.parseInt(args[0]);              //从命令行输入一个整数
        prime(n);
    }
}
```

【实验题目2】

编写打印 Fibonacci 数列的方法。

【程序】 程序代码如下：

```
public class Fibonacci
{    public static void series(int n)
    {    long f1=1,f2=1,f3;
        System.out.print(f1+" "+f2);
        for(inti=2;i<n;i++)
        {    f3=f1+f2;
            f1=f2;
            f2=f3;
            System.out.print(" "+f2);
        }
    }
    public static void main(String args[])
    {    int n;
        n=Integer.parseInt(args[0]);              //从命令行输入一个整数
        series(n);
    }
}
```

【实验题目3】

编写计算 x" 的递归方法。

【程序】 程序代码如下：

```
public class Pow
{    public static long pow(int x,int n)
    {    if(n==0) return 1;
        else return pow(x,n-1)*x;
    }
    public static void main(String args[])
    {    int x,n;
        x=Integer.parseInt(args[0]);
        n=Integer.parseInt(args[1]);
        System.out.println(x+"**"+n+"="+pow(x,n));
    }
}
```

程序代码实验五　数组程序代码

【实验题目1】

编写数组的排序程序。

【程序】 程序代码如下：

```
class Sort
{    public static void bubble(int a[])                //冒泡法排序
```

```
    {   int count=a.length,i;
        for(i=0;i<count-1;i++)
            for(int j=count-1;j>i;j--)
                if(a[j]<a[j-1])
                { int temp=a[j];
                    a[j]=a[j-1];
                    a[j-1]=temp;
                }
    }
    public static void main(String args[])
    {   final int l=20;
        int a[]=new int[l];
        for(int k=0;k<a.length;k++)                //产生20个0~100之间的随机整数
          a[k]=(int)(100*Math.random());
        System.out.println("Before sort: ");
        for(int i=0;i<a.length;i++)
        { System.out.print(a[i]+" ");
            if((i+1)%5==0)  System.out.println();
        }
        System.out.println("After sort: ");
        bubble(a);
        for(int i=0;i<a.length;i++)
        { System.out.print(a[i]+"  ");
            if((i+1)%5==0)  System.out.println();
        }
    }
}
```

【实验题目2】

编写折半查找法的程序。

【程序】程序代码如下：

```
public class Bisearch1
{   public static int bisearch(int a[],int n)      //折半查找
    { int low=0,high=a.length-1,mid=(low+high)/2;
      System.out.println("After sort:");
      for(int k=0;k<a.length;k++)    System.out.print(a[k]+" ");
      System.out.println();
      if(n>a[high]||n<a[low]) return -1;
      while(low<=high)                              //如果 low>high，没有找到
      {     if(a[low]==n)  return low;
            else if(a[high]==n) return high;
            else if(a[mid]==n) return mid;
            else
            { if(n>a[mid])
              {low=mid+1;high=high-1;}
              else
              {high=mid-1;low=low+1;}
            }
      }
      return -1;                                    //没找到返回-1
    }
```

```
    public static void sort(int a[])
    {                    //排序
        int count=a.length,i;
        for(i=0;i<count-1;i++)
            for(int j=count-1;j>i;j--)
              if(a[j]<a[j-1])
              { int temp=a[j];
                a[j]=a[j-1];
                a[j-1]=temp;
              }
    }
    public static void main(String args[])
    {    final int  l=10;
        int a[]=new int[l];
        int n,i;
        for(i=0;i<args.length-1;i++)      a[i]=Integer.parseInt(args[i]);
        n=Integer.parseInt(args[i]);
        sort(a);
        int place=bisearch(a,n);
        if(place!=-1)    System.out.println(n+": "+place);
        else    System.out.println(n+" is not found.");
    }
}
```

【实验题目 3】

编程实现：产生一个 1～12 之间的随机整数，并根据该随机整数的值，输出对应月份的英文名称。

【程序】程序代码如下：

```
public class Month
{ public static void main(String args[])
  { String months[]={"January","February","March","April","May","June","July",
             "August","September","October","November","December"};
    int n=(int)(1+Math.random()*12);
    System.out.println(months[n]);
  }
}
```

【实验题目 4】

编程实现：建立包含 10 个字符串数据的一维数组，每个字符串数据的格式为月月/日日/年年，例如 06/25/13，将每个日期采用 25th June 2013 的格式输出。

【程序】程序代码如下：

```
public class DateForm
{ public static void main(String args[])
  {    String months[]={"January","February","March","April","May","June",
"July","August","September","October","November","December"};
    String suffix[]={"1st","2nd","3rd"};
    String date[]={"06/25/13","07/03/07","08/20/08","08/24/08","04/09/
02","03/02/01","01/01/05","04/13/01","11/25/09","09/10/03"};
    for(int i=0;i<date.length;i++)
    { String year="20"+date[i].substring(6,8);
```

```
        int month=Integer.parseInt(date[i].substring(0,2));
        int day=Integer.parseInt(date[i].substring(3,5));
        if(day<1||day>31 )                      //日小于1或大于31为数据错误
            System.out.println("Day is illegal!");
        if(month>0&&month<13)                   //月份大于12小于1，数据错误
        {   if(day>0&&day<4)
                System.out.println(date[i]+" :"+suffix[day-1]+" "+months[month
-1]+" "+year);
            else   System.out.println(date[i]+":"+day+"th "+months[month
-1]+" "+year);
        }
        else    System.out.println("Month is illegal!");
    }
}
```

程序代码实验六　类和对象程序代码

【实验题目1】

设计一个 Dog 类，有名字、颜色和年龄属性，定义构造方法初始化这些属性，定义输出方法 show()显示其信息。编写应用程序使用 Dog 类。

【程序】程序代码如下：

```
public class Dog
{    private String name;
    private String color;
    int age;
    public Dog(String name1,String color1,int age1)
    {    name=name1;
        color=color1;
        age=age1;
    }
    public void show()
    {    System.out.println("Name:"+name+",Color="+color+",Age="+age);
    }
    public static void main(String args[])
    {    Dog ram=new Dog("Ram","white",2);
        Dog nim=new Dog("Nim","black",3);
        ram.show();
        nim.show();
    }
}
```

【实验题目2】

编写一个学校类，其中包含成员变量 line（录取分数线）和对该变量值进行设置和获取的方法。

编写一个学生类，它的成员变量有考生的 name（姓名）、id（考号）、total（综合成绩）、sports（体育成绩）。它还有获取学生的综合成绩和体育成绩的方法。

编写一个录取类，它的一个方法用于判断学生是否符合录取条件。其中录取条件为：综合成

绩在录取分数线之上，或体育成绩在 96 分以上并且综合成绩大于 300。在该类的 main()方法中，创建若干个学生对象，对符合录取条件的学生，输出其信息及"被录取"。

【程序】程序代码如下：

```java
//School.java
public class School
{   static int line;
    public School(int line1)
    {    line=line1;
    }
    public static void setLine(int score)
    {    line=score;
    }
    public static int getLine()
    {    return line;
    }
}
//Student.java
public class Student
{   String name;
    String id;
    int total;
    int sports;
    Student(String name1,String id1,int total1,int sports1)
    {  name=name1;
       id=id1;
       total=total1;
       sports=sports1;
    }
    public int getSports()  {return sports;}
    public int getTotal()   {return total;}
    public String getMessage()
    {  return (id+" "+name+" "+total+" "+sports);
    }
}
//Matriculation.java
public class Matriculation
{  static void status(Student student)
    {    if((student.getTotal()>=300&&student.getSports()>=96)||student.getTotal
()>School.getLine())
          System.out.println(student.getMessage()+" accepted!");
       else   System.out.println(student.getMessage()+" not accepted!");
    }
    public static void main(String[] args)
    {   School school=new School(350);
        Student student1=new Student("Joseph","123",310,100);
        Student student2=new Student("Bill","456",351,80);
        Student student3=new Student("Herry","789",330,85);
        status(student1);
```

```
        status(student2);
        status(student3);
    }
}
```

程序代码实验七　类的继承和多态机制程序代码

【实验题目 1】

设计一个表示用户的类 User，类中有用户名、口令（私有的）和记录用户数（静态）的成员变量。定义类的构造方法，设置和获取口令的方法及返回类对象信息的方法（包括用户名和口令）。编写应用程序测试 User 类。

【程序】程序代码如下：

```java
//User.java
class User
{   private String name,password;
    static int count=0;
    public User()
    {   count++;
    }
    public User(String name)
    {   this.name=name;
        count++;
    }
    public User(String name,String password)
    {   this.name=name;
        this.password=password;
        count++;
    }
    public void setPassword(String password)
    {   this.password=password;
    }
    public String getPassword()
    {   return password;
    }
    public String message()
    {   return "Name="+name+",Password="+password;
    }
    public static int getCount()
    {   return count;
    }
}
//UserExample.java
public class UserExample
{   public static void main(String[] args)
    {   User tom=new User("Tom");
        tom.setPassword("tom123");
        System.out.println(tom.message()+",Count="+User.getCount());
        User jerry=new User("Jerry","Jer456");
```

```
        System.out.println(jerry.message()+",Count="+User.getCount());
    }
}
```

【实验题目 2】

设计一个表示二维平面上点的类 Point，具有表示坐标位置的 protected 类型的成员变量 x 和 y，获取和设置 x 和 y 值的 public 方法。

设计一个表示二维平面上圆的类 Circle，它继承自类 Point，具有表示圆半径的 protected 类型的成员变量 r、获取和设置 r 值的 public 方法、计算圆面积的 public 方法。

设计一个表示圆柱体的类 Cylinder，它继承自类 Circle，具有表示圆柱体高的 protected 类型的成员变量 h、获取和设置 h 值的 public 方法、计算圆柱体体积的 public 方法。

建立若干个 Cylinder 其类对象，输出其轴心位置坐标、半径和高及其体积的值。

【程序】程序代码如下：

```java
//Point.java
class Point
{   protected double x;
    protected double y;
    Point(double x1,double y1)
    {   x=x1;
        y=y1;
    }
    public void setX(double x1)  {x=x1;}
    public void setY(double y1)  {y=y1;}
    public double getX()  {return x;}
    public double getY()  {return y;}
}
//Circle.java
class Circle extends Point
{   protected double  r;
    public Circle(double x1,double y1,double r1)
    {    super(x1,y1);
        r=r1;
    }
    public void setR(double r1) {r=r1;}
    public double getR(){return r;}
    public double area(){return r*r*3.1416;}
}
//Cylinder.java
class Cylinder extends Circle
{   protected double h;
    Cylinder(double x1,double y1,double r1,double h1)
    {    super(x1,y1,r1);
        h=h1;
    }
    public void setH(double h1)   {h=h1;}
    public double getH()   {return h;}
    public double volume()   {return area()*h;}
}
```

```
//ClassExample.java
public class ClassExample
{   public static void main(String args[])
    {  Cylinder c1=new Cylinder(1,1,2,4);
       Cylinder c2=new Cylinder(0,0,4,6);
       System.out.print("X="+c1.getX()+",Y="+c1.getY()+",Radius="+c1.getR()+",
Height="+c1.getH());
       System.out.println(",Area="+c1.area()+",Volume="+c1.volume());
       System.out.print("X="+c2.getX()+",Y="+c2.getY()+",Radius="+c2.getR()+",
Height="+c2.getH());
       System.out.println(",Area="+c2.area()+",Volume="+c2.volume());
    }
}
```

程序代码实验八　接口和包程序代码

【实验题目1】

定义一个抽象类 Shape，它包含一个抽象方法 getArea()，从 Shape 类派生出 Rectangle 和 Circle 类，这两个类都用 getArea()方法计算对象的面积。编写应用程序使用 Rectangle 和 Circle 类。

【程序】程序代码如下：

```
//Shape.java
public abstract class Shape
{ public abstract double area();                    //计算图形面积
}
//Circle.java
public class Circle extends Shape
{  double radius;
   public Circle(double r)
   { radius=r;
   }
   public double area()
   { return Math.PI*radius*radius;
   }
}
//Rectangle.java
public class Rectangle extends Shape
{   double length,width;
    public Rectangle(double length,double width)
    {   this.length=length;
            this.width=width;
    }
    public double area()
    {   return length*width;
    }
}
//ShapeExample.java
class ShapeExample
{ public static void main(String args[])
```

```
{ Circle circle=new Circle(3);
  System.out.println("Radius="+circle.radius+"  Area="+circle.area());
  Rectangle rect=new Rectangle(2,4);
  System.out.println("Length="+rect.length+", Width="+rect.width+
    "  Area="+rect.area());
  }
}
```

【实验题目2】

学校中有教师和学生两类人，而在职研究生既是教师又是学生。设计两个接口 StudentInterface 和 TeacherInterface。其中，StudentInterface 接口有 setFee()和 getFee()方法，分别用于设置和获取学生学费；TeacherInterface 接口有 setPay()和 getPay()方法，分别用于设置和获取教师工资。

定义一个研究生类 Graduate，实现 StudentInterface 接口和 TeacherInterface 接口，它的成员变量有 name（姓名）、sex（性别）、age（年龄）、fee（每学期学费）和 pay（月工资）。

创建一个名为"zhangsan"的研究生，统计他的年收入和学费，如果收入减去学费不足 2 000 元，则输出"You need a loan!"（需要贷款）信息，否则输出"Your income is enough!"信息。

【程序】程序代码如下：

```
//StudentInterface.java
public interface StudentInterface
{ abstract void setFee(double fee);
  abstract double getFee();
}
//TeachertInterface.java
public interface TeachertInterface
{ abstract void setPay(double pay);
  abstract double getPay();
}
//Graduate.java
public class Graduate implements StudentInterface,TeachertInterface
{   String name;
    int age;
    String sex;
    double fee;
    double pay;
    Graduate(String name1,String sex1,int age1,double fee1,double pay1)
    {  name=name1;
      sex=sex1;
      age=age1;
      fee=fee1;
      pay=pay1;
    }
    public void setFee(double fee1)
    {   fee=fee1;
    }
    public void setPay(double pay1)
    {   pay=pay1;
    }
    public double getFee()
```

```
    {   return fee;
    }
    public double getPay()
    {   return pay;
    }
    public void loanStatus()
    {   if(12*pay-2*fee<2000)  System.out.println("You need a loan!");
        else  System.out.println("Your income is enough!");
    }
}
//GraduateExample.java
public class GraduateExample
{  public static void main(String[] args)
    {   Graduate zhangsan=new Graduate("Zhangsan","male",24,800,2000);
        zhangsan.loanStatus();
    }
}
```

程序代码实验九　异常处理程序代码

【实验题目 1】

编写一个程序，触发和捕获 NegativeArraySizeException 和 IndexOutOfBoundsException 类型的异常。

【程序】程序代码如下：

```
//Excep1.java
public class Excep1
{  public static void main(String args[])
    {   try
        {  int a[]={1,2,3,4,5};
           System.out.println(a[5]);
        }
        catch(IndexOutOfBoundsException e)
        {  System.out.println(e.toString()+",caused by a[5]");
        }
        try
        {  int b[]=new int[-4];
        }
        catch(NegativeArraySizeException e)
        {  System.out.println(e.toString()+",caused by int[-4]");
        }
    }
}
```

【实验题目 2】

在前面程序的基础上，再触发和捕获 NullPointerException 类型的异常。

【程序】程序代码如下：

```
//Excep2.java
public class Excep2
```

```
{ public static void main(String args[])
  { try
    {   int a[]={1,2,3,4,5};
        System.out.println(a[5]);
    }
    catch(IndexOutOfBoundsException e)
    {   System.out.println(e.toString()+",caused by a[5]");
    }
    try
    {   int b[]=new int[-4];
    }
    catch(NegativeArraySizeException e)
    {   System.out.println(e.toString()+",caused by int[-4]");
    }
    try
    {   String b=null;
        System.out.println(b.charAt(0));
    }
    catch(NullPointerException e)
    {   System.out.println(e.toString()+",caused by b.charAt(0)");
    }
  }
}
```

程序代码实验十　输入与输出程序代码

【实验题目1】

利用流在屏幕上显示文本文件内容及文件的路径、修改时间、大小、长度、可读性和可修改性等属性。

【程序】程序代码如下：

```
import java.io.*;
public class MyFile
{   public static void main(String[] args) throws Exception
    {  String filename=null;
        if(args.length>0) filename=args[0];
        else
        {   System.out.println("无文件名");
            return;
        }
        File file=new File(filename);
        if(!file.exists())
        {   System.out.println("文件不存在");
            return;
        }
        FileReader fread=new FileReader(file);
        BufferedReader bread=new BufferedReader(fread);
        String s=bread.readLine();
        while(s!=null)
```

```
    {   System.out.println(s);
        s=bread.readLine();
    }
    fread.close();
    System.out.println("文件路径: "+file.getAbsolutePath());
    System.out.println("修改时间: "+file.lastModified());
    System.out.println("文件长度: "+file.length());
    System.out.println("文件可读: "+file.canRead());
    System.out.println("文件可写: "+file.canWrite());
    }
}
```

【实验题目 2】

利用流向文本文件添加记录并显示其记录内容。

【程序】程序代码如下：

```
import java.io.*;
import java.awt.event.*;
import java.awt.*;
public class FileAdd
{   private static  File file;
    private static  FileReader fread;
    private static  BufferedReader bread;
    private static  FileWriter fwrite;
    private static  BufferedWriter bwrite;
    private static  BufferedReader keyread;
    private static void readFile() throws Exception
    {   System.out.println("文件内容");
        String s=bread.readLine();
        while(s!=null)
        {   System.out.println(s);
            s=bread.readLine();
        }
    }
    private static void writeFile() throws Exception
    {   String s ;
        while (true)
        {   System.out.println("输入字符串: ");
            System.out.flush();
            s=keyread.readLine();
            if(s.length()==0)  break;
            bwrite.write(s);
            bwrite.newLine();
        }
    }
    public static void main(String args[]) throws Exception
    {   String filename=null;
        if(args.length>0)    filename=args[0];
        else
        {   System.out.println("无文件名");
            return;
```

```
        }
        file=new File(filename);
        if(!file.exists())
        {   System.out.println("文件不存在");
            return;
        }
        fwrite=new FileWriter(file);
        bwrite=new BufferedWriter(fwrite);
        keyread=new BufferedReader(new InputStreamReader(System.in));
        writeFile();
        keyread.close();
        bwrite.close();
        fread=new FileReader(file);
        bread=new BufferedReader(fread);
        readFile();
        bread.close();
    }
}
```

程序代码实验十一　图形用户界面程序代码

【实验题目1】

设计一个简易计算器，见图 17-1。在"操作数"标签右侧的两个文本行输入操作数，当单击操作符＋、－、×、÷按钮时，对两个操作数进行运算并将结果填入到"结果"标签右侧的文本行中。

【程序】程序代码如下：

```
import java.awt.*;
import java.awt.event.*;
public class Calculator1 extends Frame
{   private Button plus;                          //声明加按钮
    private Button minus;                         //声明减按钮
    private Button multiply;                      //声明乘按钮
    private Button divide;                        //声明除按钮
    private TextField num1;
    private TextField num2;
    private TextField result;
    public Calculator1()
    {   super("简易计算器");
        this.setLayout(new FlowLayout());
        plus=new Button("+");
        minus=new Button("-");
        multiply=new Button("*");
        divide=new Button("/");
        num1=new TextField();
        num2=new TextField();
        result=new TextField();
        this.add(new Label("操作数: "));
        num1.setColumns(5);
```

```
        this.add(num1);
        this.add(new Label("操作数: "));
        num2.setColumns(5);
        this.add(num2);
        this.add(new Label("结  果: "));
        result.setColumns(5);
        this.add(result);
        plus.addActionListener(new ActionListener1());
        minus.addActionListener(new ActionListener1());
        multiply.addActionListener(new ActionListener1());
        divide.addActionListener(new ActionListener1());
        this.add(plus);
        this.add(minus);
        this.add(multiply);
        this.add(divide);
        this.addWindowListener(new WindowAdapter()
        {   public void windowClosing(WindowEvent e) {System.exit(0);}
        });
        this.setSize(150, 200);
        this.setVisible(true);
    }
    class ActionListener1 implements ActionListener
    {   public void actionPerformed(ActionEvent e)
        {   double a=Double.parseDouble(num1.getText());
            double b=Double.parseDouble(num2.getText());
            if(e.getSource()==plus) result.setText(Double.toString(a+b));
            if(e.getSource()==minus) result.setText(Double.toString(a-b));
            if(e.getSource()==multiply) result.setText(Double.toString(a*b));
            if(e.getSource()==divide) result.setText(Double.toString(a/b));
        }
    }
    public static void main(String args[])
    {   Calculator1 calcul=new Calculator1();
    }
}
```

【实验题目 2】

编写文本移动程序，窗口见图 17-2。窗口中有两个文本区和两个按钮，文本区分别位于窗口的左边和右边区域，两个按钮位于窗口的中间区域，当单击"→"按钮时，将左边文本区中选中的内容添加到右边文本区的末尾；当单击"←"按钮时，将右边文本区中选中的内容添加到左边文本区的末尾。

【程序】程序代码如下：

```
import java.awt.*;
import java.awt.event.*;
public class MoveWord extends Frame
{   private TextArea eastArea=new TextArea(7,20);    //定义东文本区
    private TextArea westArea=new TextArea(7,20);    //定义西文本区
    private Button toLeft=new Button("←");
    private Button toRight=new Button("→");
```

```
public MoveWord()
{   super("MoveWord");
    this.setLayout(new FlowLayout());
    this.add(westArea);
    Panel pal=new Panel();
    pal.setLayout(new GridLayout(2,1,10,10));
    pal.add(toLeft);
    pal.add(toRight);
    toLeft.addActionListener(new Handler());
    toRight.addActionListener(new Handler());
    this.add(pal);
    this.add(eastArea);
    addWindowListener(new WindowAdapter()
    {   public void windowClosing(WindowEvent e)
        {   System.exit(0);
        }
    });
    setSize(400,200);
    setVisible(true);
}
class Handler implements ActionListener
{   public void actionPerformed(ActionEvent e)
    {   String copyText="";
        if(e.getSource()==toLeft)
        {   copyText=eastArea.getSelectedText();
            westArea.append(copyText);
        }
        else
        {   copyText=westArea.getSelectedText();
            eastArea.append(copyText);
        }
    }
}
public static void main(String args[])
{   MoveWord word=new MoveWord();
}
}
```

程序代码实验十二　Swing 组件程序代码

【实验题目 1】

编写"背单词"程序。系统从词库中随机抽取英文单词，通过一个 JLabel 组件显示对应的中文，让用户在 JTextField 组件中输入英文单词。如果用户输入的英文单词出错，按【Enter】键后，系统在另一个 JLabel 组件显示"对不起！答错了！"，直到用户输入正确英文单词，按【Enter】键后，系统显示"恭喜你！答对了！"。该过程可以连续进行，直到用户结束程序。

【程序】程序代码如下：

```
import java.awt.*;
import javax.swing.*;
```

```
import java.awt.event.*;
public class WordStudy extends JFrame
{   private int index;
    private String word,guessedWord,character;
    private String[] words={"China","study","program","desk",
                    "room","computer","tree","lamp","cap","dog"};
    private String[] characters={"中国","学习","程序","桌子",
                    "房间","计算机","树","灯","帽子","狗"};
    private JLabel lbl1,lbl2;                            //提示信息
    private JTextField input;                            //数据输入区域
    public WordStudy()
    {   super("Word Memory");
        Container c=this.getContentPane();
        c.setLayout(new FlowLayout());
        lbl1=new JLabel();
        lbl2=new JLabel("     输入英文单词       ");
        input=new JTextField(15);
        c.add(lbl1);
        c.add(input);
        c.add(lbl2);
        input.addActionListener(new Handler());
        create();
        this.setSize(250,150);
        this.setVisible(true);
    }
    class Handler implements ActionListener
    {   public void actionPerformed(ActionEvent e)
        {   guessedWord=(input.getText()).toLowerCase();    //获得输入的单词
            if(guessedWord.equals(word))
            {   lbl2.setBackground(Color.BLUE);
                lbl2.setText("恭喜你! 答对了! ");
                input.setText("");
                create();
            }
            else
            {   lbl2.setBackground(Color.WHITE);
                lbl2.setText("对不起! 答错了! ");
                input.setText("");
            }
        }
    }
    public void create()
    {   index=((int)(Math.random()*10)) ;                //产生 0~10 的随机数
        character=characters[index];
        word=words[index].toLowerCase();
        lbl1.setText(character);
    }
    public static void main(String args[])
    {   WordStudy app=new WordStudy();
        app.addWindowListener(new WindowAdapter()
```

```
{   public void WindowClosing(WindowEvent e)
    {    System.exit(0);
    }
});
}
}
```

【实验题目 2】

编写一个简单的个人简历录入程序。可以通过文本行输入姓名，通过单选按钮选择性别，通过组合框选择籍贯和文化程度，并在文本框中显示所填写及选择的信息。请自行安排版面，使其美观。

【程序】程序代码如下：

```
import java.awt.*;
import javax.swing.*;
import java.awt.event.*;
public class SimpleResume extends JFrame
{ private JLabel name;
  private JTextField nameInput;                //名字输入区域
  private JLabel sex;
  private JRadioButton male;
  private JRadioButton female;
  private ButtonGroup sexSelect;               //性别选择钮
  private JLabel provinceLab;
  private String province[]={"北京市","陕西省","河南省"};
  private JComboBox provinceBox;               //籍贯组合框
  private JLabel degreeLab;
  private String degree[]={"中学","本科","硕士","博士","其他"};
  private JComboBox degreeList;                //文化程度组合框
  private JButton ok,cancel;
  private String[] str=new String[4];
  private String output="";
  private JTextArea txa;
  public SimpleResume()
  { super("简单的个人简历程序");
    Container c=this.getContentPane();
    c.setLayout(new FlowLayout());
    name=new JLabel("姓名: ");
    name.setHorizontalAlignment(SwingConstants.CENTER);
    nameInput=new JTextField(8);
    sex=new JLabel("性别: ");
    sex.setHorizontalAlignment(SwingConstants.CENTER);
    male=new JRadioButton("男",true);
    female=new JRadioButton("女",false);
    sexSelect=new ButtonGroup();
    sexSelect.add(male);
    sexSelect.add(female);
    provinceLab=new JLabel("籍贯: ");
    provinceLab.setHorizontalAlignment(SwingConstants.CENTER);
    provinceBox=new JComboBox(province);
    degreeLab=new JLabel("文化程度: ");
```

```
        degreeLab.setHorizontalAlignment(SwingConstants.CENTER);
        degreeList=new JComboBox(degree);
        ok=new JButton("确定");
        cancel=new JButton("取消");
        txa=new JTextArea(5,20);
        JPanel namePan=new JPanel();
        namePan.add(name);
        namePan.add(nameInput);
        c.add(namePan);
        JPanel sexPan=new JPanel();
        sexPan.add(sex);
        sexPan.add(male);
        sexPan.add(female);
        c.add(sexPan);
        JPanel provincePan=new JPanel();
        provincePan.add(provinceLab);
        provincePan.add(this.provinceBox);
        c.add(provincePan);
        JPanel degreePan=new JPanel();
        degreePan.add(degreeLab);
        degreePan.add(degreeList);
        c.add(degreePan);
        JPanel buttonPan=new JPanel();
        buttonPan.add(ok);
        buttonPan.add(cancel);
        ok.addActionListener(new Handle1());
        cancel.addActionListener(new Handle1());
        c.add(buttonPan);
        c.add(txa);
        this.setSize(350,280);
        this.setVisible(true);
    }
    public static void main(String args[])
    { SimpleResume resume=new SimpleResume();
      resume.addWindowListener(new WindowAdapter()
      {    public void windowClosing(WindowEvent e)
        {    System.exit(0);
        }
      });
    }
    private class Handle1 implements ActionListener
    {   public void actionPerformed(ActionEvent e)
      { if(e.getSource()==ok)
        {    str[0]="姓名: "+nameInput.getText();
            if(male.isSelected())   str[1]="性别: 男";     //判断选男还是选女
            else    str[1]="性别: 女";
            str[2]="籍贯: "+province[provinceBox.getSelectedIndex()];
            str[3]="文化程度: "+degree[degreeList.getSelectedIndex()];
            output="";
            for(int i=0;i<4;i++)
```

```
                output=output+str[i]+"\n";        //output 存放相应信息
            txa.setText(output);
        }
        if(e.getSource()==cancel)  System.exit(0);
    }
  }
}
```

程序代码实验十三 Applet 程序的程序代码

【实验题目1】

编写 Applet 程序 1，显示 init()、start()、stop()、paint()和 destroy()方法的执行顺序和执行次数。

【程序】程序代码如下：

```java
import java.awt.Graphics;
import javax.swing.*;
public class Applet1 extends JApplet
{   private int cinit=0;
    private int cstart=0;
    private int cstop=0;
    private int cpaint=0;
    private int cdestroy=0;
    public void init()
    {   ++cinit;
    }
    public void start()
    {   ++cstart;
    }
    public void stop()
    {   ++cstop;
    }
    public void paint(Graphics g)
    {   ++cpaint;
        String outString="init: "+cinit+"  start:"+cstart+" paint:"+cpaint+"
 stop:"+cstop+"  destroy:"+cdestroy;
        g.drawString(outString,50,50);
    }
    public void destroy()
    {   ++cdestroy;
    }
}
```

【实验题目2】

编写 Applet 程序 2，在屏幕上画一组同心圆，相邻两圆的直径大小相差 10（pixel）（画满整个屏幕）。

【程序】程序代码如下：

```java
import java.awt.Graphics;
import javax.swing.JApplet;
```

```
public class Applet2 extends JApplet
{   public void paint(Graphics g)
    {    int height=this.getHeight();
         int width =  this.getWidth();
         int min = height>width?width:height;
         int h=min;
         for(int i=0;i<min;i+=10)
         {  g.drawOval(h/2, h/2, i, i);
            h-=10;
         }
    }
}
```

【实验题目 3】

编写 Applet 程序 3，在屏幕上画椭圆。椭圆的大小和位置由拖动鼠标决定（按下鼠标左键位置决定椭圆的左上角，释放鼠标左键位置决定椭圆的右下角）。

【程序】 程序代码如下：

```
import java.awt.Graphics;
import java.awt.event.*;
import javax.swing.JApplet;
public class Applet3 extends JApplet
{   protected int x,y;
    protected int height,width;
    public void init()
    {   this.addMouseListener(new MyMouseAdapter());
    }
    public void paint(Graphics g)
    {   g.drawOval(x,y,width,height);
    }
    class MyMouseAdapter extends MouseAdapter
    {   public void mousePressed(MouseEvent e)
        {    x=e.getX();
             y=e.getY();
        }
        public void mouseReleased(MouseEvent e)
        {    width=e.getX()-x;
             height=e.getY()-y;
             repaint();
        }
    }
}
```

程序代码实验十四　　多线程程序代码

【实验题目】

利用 Runnable 接口将第 17 章中上机实验十四实验内容（1）中的程序改写，并进行上机检验。

【程序】 程序代码如下：

```
public class MyThread
```

```
{  public static void main(String args[])
   {  DelayThread thread1=new DelayThread();
      DelayThread thread2=new DelayThread();
      Thread threadA=new Thread(thread1);
      Thread threadB=new Thread(thread2);
      threadA.start();
      threadB.start();
      try
      {    Thread.sleep(1000);
      }
      catch(InterruptedException e)
      {    System.out.println("Thread wrong");
      }
   }
}
class DelayThread implements Runnable
{  private static int count=0;
   private int no;
   private int delay;
   public DelayThread()
   {  count++;
      no=count;
   }
   public void run()
   {  try
      {  for(int i=0;i<10;i++)
         {  delay=(int) (Math.random()*5000);
            Thread.sleep(delay);
            System.out.println("Thread  "+ no+"  with a delay  "+delay);
         }
      }
      catch (InterruptedException e)
      {  }
   }
}
```

程序代码实验十五   数据库编程程序代码

【实验题目】
首先建立一个数据库，在此基础上通过编程实现以下功能：
（1）在数据库中建立一个表，表名为职工，其结构为：编号、姓名、性别、年龄、工资、是否党员。
（2）在表中输入多条记录（自己设计具体数据）。
（3）将年龄在45岁以上的员工工资增加15%，其他人增加10%。
（4）将每条记录按照工资由大到小的顺序显示到屏幕上。
（5）删除工资超过1 500的员工记录。

【程序】程序代码如下：

```java
import java.sql.*;
public class MyJDBC
{ private Connection con=null;
  public MyJDBC()
  { try
    { Class.forName("sun.jdbc.odbc.JdbcOdbcDriver");
    }
    catch(ClassNotFoundException ce)
    { System.out.println("SQLException:"+ce.getMessage());
    }
    try
    { con=DriverManager.getConnection("jdbc:odbc:myDB","","");

    }
    catch(SQLException e)
    { System.out.println("SQLException:"+e.getMessage());
    }
  }
  public void createTable()
  { try
    { Statement stmt=con.createStatement();
      String sql="create table employee (ID int primary key,name char(15)
not null,sex char(5) not null,age int not null,salary float not null,party
char(5) not null)";
      stmt.execute(sql);
      stmt.close();
      System.out.println("建立数据库成功!");
    }
    catch(SQLException e)
    {   e.printStackTrace();
    }
  }
  public void insertData()
  { try
    { Statement stmt=con.createStatement();
      String sql1="insert into employee values(1,'王  磊','男',25,1200,'是')";
      String sql2="insert into employee values(2,'李  丽','女',28,1100,'否')";
      String sql3="insert into employee values(3,'陈建国','男',48,1400,'是')";
      stmt.executeUpdate(sql1);
      stmt.executeUpdate(sql2);
      stmt.executeUpdate(sql3);
      stmt.close();
      System.out.println("插入数据成功!");
    }
    catch(SQLException e)
    {   e.printStackTrace();
    }
  }
  public void increaseSalary()
```

```java
{ try
  { System.out.println("增加工资前: ");
    print();
    Statement stmt=con.createStatement();
    String sql1="update employee set salary=salary*1.15 where age>45";
    stmt.executeUpdate(sql1);
    String sql2="update employee set salary=salary*1.1 where age<=45";
    stmt.executeUpdate(sql2);
    stmt.close();
    System.out.println("增加工资后: ");
    print();
  }
  catch(SQLException e)
  {  e.printStackTrace();
  }


}
public void delete()
{ Statement stmt;
  try
  { System.out.println("删除工资超过1500员工前: ");
    print();
    stmt=con.createStatement();
    String sql="delete from employee where salary>1500";
    stmt.executeUpdate(sql);
    System.out.println("删除工资超过1500员工后: ");
    print();
  }
  catch(SQLException e)
  { e.printStackTrace();
  }
}
public void print()
{ try
  { Statement stmt=con.createStatement();
    ResultSet rs=stmt.executeQuery("select*from employee order by salary desc");
    while(rs.next())
    {   System.out.println("编号:"+rs.getString("ID")+"\t"+
                "姓名:"+rs.getString("name")+"\t"+
                "性别:"+rs.getString("sex")+"\t"+
                "年龄:"+rs.getString("age")+"\t"+
                "工资:"+rs.getFloat("salary")+"\t"+
                "党员:"+rs.getString("party"));
    }
    rs.close();
    stmt.close();
  }
  catch(SQLException e)
  {  e.printStackTrace();
```

```
        }
    }
    public static void main(String args[])
    { MyJDBC jdbc=new MyJDBC();
        jdbc.createTable();
        jdbc.insertData();
        jdbc.increaseSalary();
        jdbc.delete();
    }
}
```

程序代码实验十六　　网络编程程序代码

【实验题目】

利用 TCP Socket 技术开发基于命令行方式的简易网络聊天程序。一方作为客户端，另一方作为服务器端。每一方都通过键盘输入信息，并将输入的信息发送给另一方；另一方接收对方发送的信息，并将接收到的信息在屏幕上显示。当输入"bye"时，结束聊天。

【程序】程序代码如下：

```
//客户机程序 ClientChat.java
import java.net.*;
import java.io.*;
public class ClientChat
{ public static void main(String args[])
    { Socket csocket=null;
        BufferedReader csin;
        PrintWriter csockOut;
        BufferedReader csockIn;
        String s1;
        try
        { csocket=new Socket(args[0],Integer.parseInt(args[1]));
            csin=new BufferedReader(new InputStreamReader(System.in));
            csockOut=new PrintWriter(csocket.getOutputStream());
            csockIn=new BufferedReader(new InputStreamReader(csocket.getInputStream
()));
            csockOut=new PrintWriter(csocket.getOutputStream());
            csin=new BufferedReader(new InputStreamReader(System.in));
            s1=csin.readLine();
            while(!s1.equals("bye"))
            { csockOut.println(s1);
                csockOut.flush();
                System.out.println("Client receiving: "+csockIn.readLine());
                s1=csin.readLine();
            }
            System.out.println("Client end!");
            csin.close();
            csockIn.close();
            csockOut.close();
            csocket.close();
```

```
        }
    catch(Exception e)
    { System.out.println(e.toString());}
  }
}
//服务器程序 ServerChat.java
import java.net.*;
import java.io.*;
public class ServerChat
{ public static void main(String args[]) throws IOException
  { ServerSocket serverSocket=null;
    Socket ssocket=null;
    BufferedReader ssockIn;
    PrintWriter ssockOut;
    BufferedReader ssin;
    String s;
    serverSocket=new ServerSocket(Integer.parseInt(args[0]));
    ssocket=serverSocket.accept();
    ssockIn=new  BufferedReader(new  InputStreamReader(ssocket.getInputStream
())));
    ssockOut=new PrintWriter(ssocket.getOutputStream());
    ssin=new BufferedReader(new InputStreamReader(System.in));
    s=ssin.readLine();
    while(!s.equals("bye"))
    { ssockOut.println(s);
      ssockOut.flush();
      System.out.println("Server receiving: "+ssockIn.readLine());
      s=ssin.readLine();
    }
    System.out.println("Server end!");
    ssockIn.close();
    ssockOut.close();
    ssocket.close();
    serverSocket.close();
  }
}
```

第三部分 综合实例

第19章 综合实例练习

综合实例一 学生信息管理程序实例

【功能】本程序用于对学生信息进行管理。程序中使用 JDBC-ODBC 桥驱动程序连接数据库，完成对后台数据库插入、删除、修改、查询等操作，程序界面友好，操作方便。

【解析】程序除了框架结构外，主要完成对数据库的基本操作。在 Java 程序中，连接数据库采用 JDBC 技术，完成数据库编程的一般过程包括：

（1）加载驱动程序，本程序中使用：

`"Class.forName("sun.jdbc.odbc.JdbcOdbcDriver");"`

（2）连接数据库，本例中使用：

```
String url="jdbc:odbc:student";              //其中 student 为 ODBC 数据源
connection=DriverManager.getConnection(url); //连接数据库
```

（3）执行 SQL 语句，可以对连接的数据库进行查询，本例中

```
statement=connection.createStatement();      //创建 Statement 对象
String sql="select*from studentbase where 学号="+Integer.parseInt (stunumField.
getText())+" " ;                             //SQL 语句
rSet=statement.executeQuery(sql);            //执行 SQL 语句，将执行的结果放入结果集中
```

（4）关闭连接。在完成对数据库的操作后，要将连接关闭。

```
statement.close();                           //关闭 Statement 类对象
connection.close();                          //关闭连接
```

【答案】程序代码如下：

```
import javax.swing.UIManager;
import java.awt.*;
import java.awt.event.*;
import java.lang.*;
import java.lang.Object.*;
import java.sql.*;
import java.util.*;
import javax.swing.*;
import javax.swing.event.*;
```

```
import javax.swing.table.*;
public class StuAddQuerySysApp
{   private boolean packFrame=false;
    public StuAddQuerySysApp()
    {   StuAddQuerySysFrame frame=new StuAddQuerySysFrame();
        if(packFrame)
        {   frame.pack();
        }
        else
        {   frame.validate();
        }
        Dimension screenSize=Toolkit.getDefaultToolkit().getScreenSize();
        Dimension frameSize=frame.getSize();
        if(frameSize.height>screenSize.height)
        {   frameSize.height=screenSize.height-100;
        }
        if(frameSize.width>screenSize.width)
        {   frameSize.width=screenSize.width;
        }
        frame.setLocation((screenSize.width-frameSize.width)/2,(screenSize.
height-frameSize.height)/2);
        frame.setVisible(true);
    }
    public static void main(String[] args)
    {   try
        {   UIManager.setLookAndFeel(UIManager.getSystemLookAndFeelClassName());
        }
        catch(Exception e)
        {   e.printStackTrace();
        }
        new StuAddQuerySysApp();
    }
}
class StuAddQuerySysFrame extends JFrame
{   private JPanel contentPane;
    private FlowLayout xYLayout1=new FlowLayout();   //构造XYLayout布局管理器
    //创建显示信息使用的组件
    private Label label1=new Label();
    private TextField stunumField=new TextField(10);
    private TextField nameField=new TextField(15);
    private Label label2=new Label();
    private TextField ageField=new TextField(8);
    private Label label3=new Label();
    private TextField sexField=new TextField(8);
    private Label label4=new Label();
    private TextField departmentField=new TextField(18);
    private Label label5=new Label();
    private TextField teleField=new TextField(12);
    private Label label6=new Label();
    private TextField emailField=new TextField(18);
```

```
private Label label7=new Label();
private Button addrecordButton=new Button();
private Button deleteButton=new Button();
private Button refreshButton=new Button();
private Button stunumqueryButton=new Button();
private Button allrecordButton=new Button();
Vector vector;                          //声明一个向量对象
String title[]={"学号","姓名","年龄","性别","系名","电话","email 地址"};
                                        //二维表列名
Connection connection=null;    //声明 Connection 接口对象 connection
ResultSet rSet=null;           //定义数据库查询的结果集
Statement statement=null;      //定义查询数据库的 Statement 对象
AbstractTableModel tm;         //声明一个 AbstractTableModel 类对象 tm
public StuAddQuerySysFrame()
{  enableEvents(AWTEvent.WINDOW_EVENT_MASK);
   try
   { jbInit();
   }
   catch(Exception e)
   { e.printStackTrace();
   }
}
private void jbInit() throws Exception
{  contentPane=(JPanel) this.getContentPane();
                                        //初始化组件
   label1.setText("学号");
   contentPane.setLayout(xYLayout1);        //设置容器的布局管理器对象
   this.setSize(new Dimension(550,350));    //设置容器窗口的大小
   this.setTitle("学生地址表查询系统");
   label2.setText("姓名");
   label3.setText("年龄");
   label4.setText("性别");
   label5.setText("系别");
   label6.setText("电话");
   label7.setText("EMAIL 地址");
   addrecordButton.setLabel("添加");
   deleteButton.setLabel("删除");
   refreshButton.setLabel("更新");
   stunumqueryButton.setLabel("学号查询");
   allrecordButton.setLabel("全部记录");
   addrecordButton.addActionListener(new java.awt.event.ActionListener()
   //注册按钮事件监听对象，实现 ActionListener 接口的 actionPerformed 方法
   {  public void actionPerformed(ActionEvent e)
      {   addrecordButton_actionPerformed(e);
      }
   });
   deleteButton.addActionListener(new java.awt.event.ActionListener()
   {  public void actionPerformed(ActionEvent e)
      {  deleteButton_actionPerformed(e);
      }
```

```
        });
    refreshButton.addActionListener(new java.awt.event.ActionListener()
    {   public void actionPerformed(ActionEvent e)
        {   refreshButton_actionPerformed(e);
        }
    });
    stunumqueryButton.addActionListener(new java.awt.event.ActionListener()
    {   public void actionPerformed(ActionEvent e)
        {   stunumqueryButton_actionPerformed(e);
        }
    });
    allrecordButton.addActionListener(new java.awt.event.ActionListener()
    {   public void actionPerformed(ActionEvent e)
        {   allrecordButton_actionPerformed(e);
        }
    });
    contentPane.add(label1);               //在容器中添加组件对象
    contentPane.add(stunumField);
    contentPane.add(label2);
    contentPane.add(nameField);
    contentPane.add(label3);
    contentPane.add(ageField);
    contentPane.add(label4);
    contentPane.add(sexField);
    contentPane.add(label5);
    contentPane.add(departmentField);
    contentPane.add(label6);
    contentPane.add(teleField);
    contentPane.add(label7);
    contentPane.add(emailField);
    contentPane.add(addrecordButton);
    contentPane.add(deleteButton);
    contentPane.add(refreshButton);
    contentPane.add(stunumqueryButton);
    contentPane.add(allrecordButton);
    createtable();   //在初始化函数中调用createtable()函数显示表格
}
void createtable()                         //定义createtable()方法
{   JTable table;                          //声明一个JTable类对象table
    JScrollPane scroll;                    //声明一个滚动杠对象scroll
    vector=new Vector();                   //创建向量对象
    tm=new AbstractTableModel()            //创建AbstractTableModel类对象tm
    {   public int getColumnCount()          //取得表格列数
        {   return title.length;
        }
        public int getRowCount()           //取得表格行数
        {   return vector.size();
        }
        public Object getValueAt(int row,int column)  //取得单元格中的属性值
        {   if(!vector.isEmpty())
```

```
                    { return ((Vector)vector.elementAt(row)).elementAt(column);
                    }
                  else
                    { return null;
                    }
            }
      public void setValueAt(Object value,int row,int column)
      { //数据模型不可编辑，该方法设置为空
      }
      public String getColumnName(int column)              //取得表格列名
      { return title[column];
      }
      public Class getColumnClass(int c)                   //取得列所属对象类
      { return getValueAt(0,c).getClass();
      }
      public boolean isCellEditable(int row,int column)
                              //设置单元格不可编辑，为默认实现
      { return false;
      }
    };
    table=new JTable(tm);                                //生成自己的数据模型
    table.setToolTipText("Display Query Result");        //设置帮助提示
    table.setAutoResizeMode(table.AUTO_RESIZE_OFF);      //设置表格调整尺寸模式
    table.setCellSelectionEnabled(false);                //设置单元格选择方式
    table.setShowHorizontalLines(true);          //设置是否显示单元格之间的分割线
    table.setShowVerticalLines(true);
    scroll=new JScrollPane(table);               //给表格加上滚动杠
    scroll.setPreferredSize(new Dimension(530,200));
    contentPane.add(scroll);
  }
  protected void processWindowEvent(WindowEvent e)
  {   super.processWindowEvent(e);
      if(e.getID()==WindowEvent.WINDOW_CLOSING)
      { System.exit(0);
      }
  }
                              //向表 studentbase 和 studentaddress 插入记录
  void addrecordButton_actionPerformed(ActionEvent e)
  //处理 addrecord-Button(添加按钮)的 ActionEvent
  {   try
      {   Class.forName("sun.jdbc.odbc.JdbcOdbcDriver");
                              //实例化 JDBC-ODBC 桥的驱动
          String url="jdbc:odbc:student";                 //设置连接字符串
          connection=DriverManager.getConnection(url);    //连接数据库
                              //创建 Statement 接口对象
          statement=connection.createStatement();
          String sql1="insert into studentbase(学号,姓名,年龄,性别,系别) values
("+Integer.parseInt(stunumField.getText())+",'"+nameField.getText()+"',"
+Integer.parseInt(ageField.getText())+",'"+sexField.getText()+"','"+depart
mentField.getText()+"')";
```

```
        String sql2="insert into studentaddress (电话,email 地址,学号) values
('" + teleField.getText()+"','"+emailField.getText()+"',"+Integer.parseInt
(stunumField.getText())+")";
        statement.executeUpdate(sql2);
        //执行增加新的数据记录语句，向 studentaddress 表中添加记录
        statement.executeUpdate(sql1);
        //执行增加新的数据记录语句，向 studentbase 表中添加记录
        stunumField.setText("");                    //清空信息框
        nameField.setText("");
        ageField.setText("");
        sexField.setText("");
        departmentField.setText("");
        teleField.setText("");
        emailField.setText("");
    }
    catch(SQLException ex)                          //捕捉异常
    {   System.out.println("\nERROR:----- SQLException -----\n");
        while(ex!=null) {
        System.out.println("Message:"+ex.getMessage());
        System.out.println("SQLState:"+ex.getSQLState());
        System.out.println("ErrorCode:"+ex.getErrorCode());
        ex=ex.getNextException();
        }
    }
    catch(Exception ex)
    {   ex.printStackTrace();
    }
    finally
    {   try
        {   if(statement!=null)
            {   statement.close();         //关闭 Statement 接口实例
            }
            if(connection!=null)
            {   connection.close();        //关闭 Connection 接口实例
            }
        }
        catch(SQLException ex)
        {   System.out.println("\nERROR:----- SQLException -----\n");
            System.out.println("Message:"+ex.getMessage());
            System.out.println("SQLState:"+ex.getSQLState());
            System.out.println("ErrorCode:"+ex.getErrorCode());
        }
    }
}
//对表 studentbase 和 studentaddress 中的记录根据输入的学号进行删除
void deleteButton_actionPerformed(ActionEvent e)
//处理 deleteButton(删除按钮)的 ActionEvent
{   try
    {   Class.forName("sun.jdbc.odbc.JdbcOdbcDriver");//实例化 JDBC-ODBC 桥的驱动
```

```
        String url="jdbc:odbc:student";                    //设置连接字符串
        connection=DriverManager.getConnection(url); //连接数据库
        statement=connection.createStatement(ResultSet.TYPE_SCROLL_SENSITIVE,
ResultSet.CONCUR_UPDATABLE);                            //创建 Statement 接口对象
        String sql="select*from studentbase where 学号="+Integer.parseInt
(stunumField.getText())+" ";
        rSet=statement.executeQuery(sql);      //执行学号为输入学号的查询语句
        if(rSet.next()==false) //判断数据库中是否有要删除的记录，如没有则显示提示框
        { JOptionPane msg=new JOptionPane();
            JOptionPane.showMessageDialog(StuAddQuerySysFrame.this,"数据库中没
有您删除的学号","数据库中没有您删除的学号! ",1);
        }
        else
        { String sql1="delete from studentbase where 学号="+Integer.parseInt
(stunumField.getText())+" ";
            statement.executeUpdate(sql1);
            //删除 studentbase 表中对应学号的数据记录
            String sql2="delete from studentaddress where 学号="+Integer.parse
Int (stunumField.getText())+" ";
            statement.executeUpdate(sql2);
                //删除 studentaddress 表中对应学号的数据记录
            stunumField.setText("");                       //清空信息框
            nameField.setText("");
            ageField.setText("");
            sexField.setText("");
            departmentField.setText("");
            teleField.setText("");
            emailField.setText("");
        }
    }
    catch(SQLException ex)                                 //捕捉异常
    { System.out.println("\nERROR:----- SQLException -----\n");
      while(ex!=null)
      { System.out.println("Message:"+ex.getMessage());
        System.out.println("SQLState:"+ex.getSQLState());
        System.out.println("ErrorCode:"+ex.getErrorCode());
        ex=ex.getNextException();
      }
    }
    catch(Exception ex)
    { ex.printStackTrace();
    }
    finally
    { try
      { if(statement!=null)
        { statement.close();                               //关闭 Statement 接口实例
        }
        if(connection!=null)
        { connection.close();                              //关闭 Connection 接口实例
```

```
            }
        }
    catch(SQLException ex)
    { System.out.println("\nERROR:----- SQLException -----\n");
        System.out.println("Message:"+ex.getMessage());
        System.out.println("SQLState:"+ex.getSQLState());
        System.out.println("ErrorCode:"+ex.getErrorCode());
    }
    }
}
```

//对表 studentbase 和表 studentaddress 中的记录根据在各文本框中的输入值进行修改。

```
void refreshButton_actionPerformed(ActionEvent e)
//处理 refreshButton(修改按钮)的 ActionEvent
{ try
    { Class.forName("sun.jdbc.odbc.JdbcOdbcDriver"); //实例化 JDBC-ODBC 桥的驱动
        String url="jdbc:odbc:student";                     //设置连接字符串
        connection=DriverManager.getConnection(url);    //连接数据库
        statement=connection.createStatement();           //创建 Statement 接口对象
        String sql1="update studentbase set 姓名='"+nameField.getText()+"',年龄
='"+Integer.parseInt(ageField.getText())+", 性别='"+sexField.getText()+"', 系
别='"+departmentField.getText()+"' where 学号="+Integer.parseInt(stunum-
Field.getText())+" ";
        statement.executeUpdate(sql1); //更新 studentbase 表中输入学号的记录
        String sql2="update studentaddress set 电话='"+teleField.getText()+"',
email 地址='"+emailField.getText()+"' where 学号="+Integer.parseInt(stunum-
Field.getText())+" ";
        statement.executeUpdate(sql2); //更新 studentaddress 表中输入学号的记录
        stunumField.setText("");              //清空信息框
        nameField.setText("");
        ageField.setText("");
        sexField.setText("");
        departmentField.setText("");
        teleField.setText("");
        emailField.setText("");
    }
    catch(SQLException ex)                    //捕捉异常
    { System.out.println("\nERROR:----- SQLException -----\n");
        while(ex!=null)
        { System.out.println("Message:"+ex.getMessage());
            System.out.println("SQLState:"+ex.getSQLState());
            System.out.println("ErrorCode:"+ex.getErrorCode());
            ex = ex.getNextException();
        }
    }
    catch(Exception ex)
    { ex.printStackTrace();
    }
    finally
    { try
```

```
    { if(statement!=null)
      { statement.close();                         //关闭 Statement 接口实例
      }
      if(connection!=null)
      { connection.close();                         //关闭 Connection 接口实例
      }
    }
    catch(SQLException ex)
    { System.out.println("\nERROR:----- SQLException -----\n");
      System.out.println("Message:"+ex.getMessage());
      System.out.println("SQLState:"+ex.getSQLState());
      System.out.println("ErrorCode:"+ex.getErrorCode());
    }
  }
}
//按照输入的学号，执行表 studentbase、studentaddress 的联合查询语句
void stunumqueryButton_actionPerformed(ActionEvent e)
//处理 stunumqueryButton（学号查询按钮）的 ActionEvent
{ try
  { Class.forName("sun.jdbc.odbc.JdbcOdbcDriver");
              //实例化 JDBC-ODBC 桥的驱动
    String url="jdbc:odbc:student";                //设置连接字符串
    connection=DriverManager.getConnection(url); //连接数据库
    statement=connection.createStatement(ResultSet.TYPE_SCROLL_SENSITIVE,
ResultSet.CONCUR_UPDATABLE);                        //创建 Statement 接口对象
    String sql="select*from  studentbase  where  学号="+Integer.parseInt
(stunumField.getText());
    rSet=statement.executeQuery(sql); //执行学号为输入学号的查询语句
    if(rSet.next()==false) //判断数据库中是否有要查询的记录，如没有则显示提示框
    { JOptionPane msg = new JOptionPane();
      JOptionPane.showMessageDialog(StuAddQuerySysFrame.this,"数据库中没
有您查询的学号","数据库中没有您查询的学号! ",1);
    }
    else
    { sql="select studentbase.学号,姓名,年龄,性别,系别,电话,email 地址 from
studentbase inner join studentaddress on (studentbase.学号=studentaddress.
学号) where studentbase.学号="+Integer.parseInt(stunumField.getText())+" " ;
      ResultSet rs=statement.executeQuery(sql);
      //执行表 studentbase、studentaddress 的联合查询语句，将结果集放入 rs 中
      stunumField.setText("") ;                      //清空输入学号
      vector.removeAllElements();                    //初始化向量对象
      tm.fireTableStructureChanged();                //更新表格内容
      while(rs.next())
      { Vector rec_vector=new Vector();
        rec_vector.addElement(String.valueOf(rs.getInt(1)));
        //从结果集中取数据放入向量 rec_vector 中
        rec_vector.addElement(rs.getString(2));
        rec_vector.addElement(String.valueOf(rs.getInt(3)));
        rec_vector.addElement(rs.getString(4));
```

```
            rec_vector.addElement(rs.getString(5));
            rec_vector.addElement(rs.getString(6));
            rec_vector.addElement(rs.getString(7));
            vector.addElement(rec_vector);  //向量 rec_vector 加入向量 vector 中
        }
        tm.fireTableStructureChanged();     //更新表格，显示向量 vector 的内容
      }
  }
  catch(SQLException ex)                       //捕获异常
  { System.out.println("\nERROR:----- SQLException -----\n");
    while(ex!=null)
    { System.out.println("Message:"+ex.getMessage());
      System.out.println("SQLState:"+ex.getSQLState());
      System.out.println("ErrorCode:"+ex.getErrorCode());
      ex=ex.getNextException();
    }
  }
  catch(Exception ex)
  { ex.printStackTrace();
  }
  finally
  { try
    { if(statement!=null)
      { statement.close();                   //关闭 Statement 接口实例
      }
      if(connection!=null)
      { connection.close();                  //关闭 Connection 接口实例
      }
    }
    catch(SQLException ex)
    { System.out.println("\nERROR:----- SQLException -----\n");
      System.out.println("Message:"+ex.getMessage());
      System.out.println("SQLState:"+ex.getSQLState());
      System.out.println("ErrorCode:"+ex.getErrorCode());
    }
  }
}
//执行表 studentbase、studentaddress 的联合查询语句
void allrecordButton_actionPerformed(ActionEvent e)
//处理 allrecordButton(全部记录按钮) 的 ActionEvent
{ try
  { Class.forName("sun.jdbc.odbc.JdbcOdbcDriver"); //实例化 JDBC-ODBC 桥的驱动
    String url="jdbc:odbc:student";                 //设置连接字符串
    connection=DriverManager.getConnection(url);    //连接数据库
    //创建 Statement 接口对象
    statement=connection.createStatement(ResultSet.TYPE_SCROLL_SENSITIVE,
ResultSet.CONCUR_UPDATABLE);
    String sql="select studentbase.学号,姓名,年龄,性别,系别,电话,email 地址
from studentbase inner join studentaddress on (studentbase.学号=studentaddress.
学号)";
```

```
            rSet=statement.executeQuery(sql);
            //执行表 studentbase、studentaddress 的联合查询语句，将结果集放入 rSet 中
            vector.removeAllElements();                          //初始化向量对象
            tm.fireTableStructureChanged();                      //更新表格内容
            while(rSet.next())
            {   Vector rec_vector=new Vector();
                rec_vector.addElement(String.valueOf(rSet.getInt(1)));
                //从结果集中取数据放入向量 rec_vector 中
                rec_vector.addElement(rSet.getString(2));
                rec_vector.addElement(String.valueOf(rSet.getInt(3)));
                rec_vector.addElement(rSet.getString(4));
                rec_vector.addElement(rSet.getString(5));
                rec_vector.addElement(rSet.getString(6));
                rec_vector.addElement(rSet.getString(7));
                vector.addElement(rec_vector);      //向量 rec_vector 加入向量 vector 中
            }
            tm.fireTableStructureChanged();         //更新表格，显示向量 vector 的内容
        }
        catch(SQLException ex)                      //捕捉异常
        {   System.out.println("\nERROR:----- SQLException -----\n");
            while(ex!=null)
            {   System.out.println("Message:"+ex.getMessage());
                System.out.println("SQLState:"+ex.getSQLState());
                System.out.println("ErrorCode:"+ex.getErrorCode());
                ex=ex.getNextException();
            }
        }
        catch(Exception ex)
        {   ex.printStackTrace();
        }
        finally
        {   try
            {   if(statement!=null)
                {   statement.close();                  //关闭 Statement 接口实例
                }
                if(connection!=null)
                {   connection.close();                 //关闭 Connection 接口实例
                }
            }
            catch(SQLException ex)
            {   System.out.println("\nERROR:----- SQLException -----\n");
                System.out.println("Message:"+ex.getMessage());
                System.out.println("SQLState:"+ex.getSQLState());
                System.out.println("ErrorCode:"+ex.getErrorCode());
            }
        }
    }
}
```

【运行结果】运行结果如图 19-1 所示。

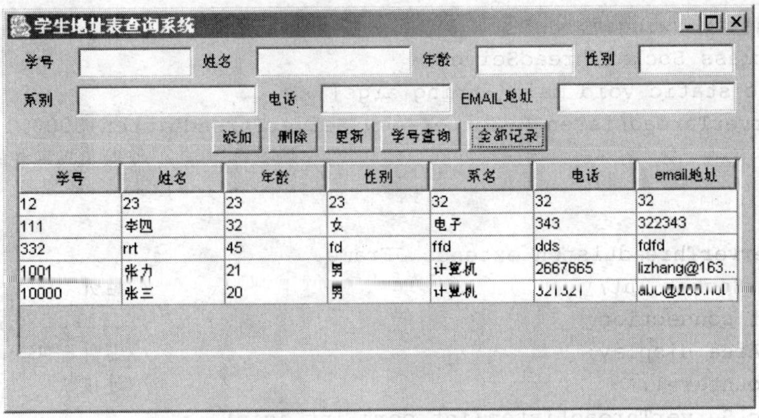

图 19-1 综合实例一运行结果

综合实例二 网上聊天程序实例

【功能】这是一个利用 Socket 进行数据通信的程序，主程序采用多线程方式可以与多个用户进行网上聊天，当某个用户不愿意聊天时，只需要输入大写 "END" 字符后会撤销当前线程，但是服务器端的监控程序一直处于运行状态。

【解析】服务器端：要开发两个程序，第一个是服务器端的监听程序，这个程序始终处于运行状态；第二个是一个多线程程序，这个程序根据客户端的请求自动产生一个线程与客户端进行数据交换。

（1）监听程序是一个循环程序，一直处于等待状态，一旦有客户端进行通信，就产生一个线程。

```
while(true)
{   connection=lst.accept();
    display.append("\nConnection "+counter+" received from: "+
    connection.getInetAddress().getHostName());
    ServerThread thread=new ServerThread(this,connection,counter);
            //启动一个进程对象
    thread.connectThread.start();
    ++counter;
}
```

（2）Java 的多线程程序通过实现 Runnable 接口，Runnable 接口只有一个方法 run()，只需要对 run()方法编写相应代码。当线程被启动并转入运行状态时，系统会自动识别并运行 run()方法中的程序代码。

客户端：与服务器端产生连接并进行数据通信，如果要结束当前通讯只需要输入大写 "END" 字符。

【答案】程序代码如下：

```
//服务器端程序如下：
import java.io.*;
import java.net.*;
import java.awt.*;
import java.awt.event.*;
```

```
import javax.swing.*;
public class SocketThreadServer
{ public static void main(String args[])
    { ServerThreadListen MyServer=new ServerThreadListen(5000,10);
                                                      //定义端口和连接数
  · }
}
class ServerThreadListen extends JFrame
{ ServerSocket lst;                                   //监听
  Socket connection;                                  //Socket 对象
  JTextArea display;                                  //监听窗口
  int counter=1;                                      //连接数
  public ServerThreadListen(int port,int join)
  { super("Server Listening window");
    Container c=getContentPane();
    display=new JTextArea("Listening service window");
    c.add(new JScrollPane(display),BorderLayout.CENTER);
    setSize(300,180);
    show();
    try
    {   lst=new ServerSocket(port,join);              //创建监听器
        display.setText("Waiting for connection");
        while(true)
        { connection=lst.accept();                    //接收来自客户端的请求
          display.append("\nConnection "+counter+" received from: "+
          connection.getInetAddress().getHostName()); //显示客户端的地址和标识
          ServerThread thread=new ServerThread(this,connection,counter);
              //创建线程对象
          thread.connectThread.start();//启动新进程,其中connectThread线程对象
          ++counter;                                  //线程数
        }
    }
    catch(EOFException eof)
    {   System.out.println("Client terminated connection");
    }
    catch(IOException e)
    {   e.printStackTrace();
    }
  }
}
class ServerThread extends JFrame implements Runnable
//线程窗口类实现 Runnable,当客户端发送数据时创建这样一个线程窗口与之交互
{ ServerThreadListen serverListen;                    //当前线程监听
  Socket connectClient;                               //Socket 对象
  Thread connectThread;                               //线程对象
  JLabel label;
  JTextField enter;
  JTextArea display;
  String[] str={"知道了! ","什么事? ","你在哪儿? ","我等你","生日快乐",
```

```
            "祝你万事如意！","希望你学习进步"};            //一些交谈中的常用语
JComboBox combo;
ObjectOutputStream output;                          //输出流
ObjectInputStream input;                            //输入流
int count;
public ServerThread(ServerThreadListen ls,Socket socket,int s)
{   //ServerThread 构造方法
    super("Server Thread");
    serverListen=ls;
    connectClient=socket;
    connectThread=new Thread(this);                 //创建当前线程对象
    count=s;
    Container c=getContentPane();
    JPanel panel=new JPanel();
    label=new JLabel("交谈(结束输入'END')");
    enter=new JTextField(18);
    enter.setEnabled( false );
    enter.addActionListener(new ActionListener()
    {    public void actionPerformed(ActionEvent e)
         {   sendData(e.getActionCommand());        //传送数据到客户端
             enter.setText("");
         }
    });
    panel.add(label,BorderLayout.EAST);
    panel.add(enter,BorderLayout.WEST);
    c.add(panel,BorderLayout.NORTH );
    display=new JTextArea();
    c.add(new JScrollPane(display),BorderLayout.CENTER);
    combo=new JComboBox(str);
    combo.setToolTipText("常用语");
    combo.setMaximumRowCount(3);
    combo.addItemListener(                          //下拉列表框事件
    new ItemListener()
    {   public void itemStateChanged(ItemEvent e)
        {   enter.setText(str[combo.getSelectedIndex()]);
            combo.setFocusable(false);
        }
    });
    c.add(combo,BorderLayout.SOUTH);
    setSize(350,230);
    show();
    display.append("\nConnection received from: "+
            connectClient.getInetAddress().getHostName());
}
public void run()                                   //实现 Runnable 接口方法
{   System.out.println("Thread start");
    try
    {    output=new ObjectOutputStream(connectClient.getOutputStream());
                                                    //输出流
```

```
            input=new ObjectInputStream(connectClient.getInputStream());
                                                     //输入流
            String message="Connection successful";
            output.writeObject(message);
            output.flush();                          //向客户端发送信息
            enter.setEnabled(true);
            do
            { try
              { message=(String) input.readObject();    //读取客户端的信息
                display.append("\n"+message);            //显示到窗口的文本域中
                display.setCaretPosition(display.getText().length());
              }
              catch(ClassNotFoundException e)
              { display.append("\nUnknown object type received");
              }
            }while(!message.equals("END"));          // "END" 结束循环执行
            display.append("\nUser terminated connection");
            enter.setEnabled(false);
            output.close();
            input.close();
            connectClient.close();
            dispose();                               //撤销启动的线程
        }
        catch(EOFException eof)
        {  System.out.println("Client terminated connection");
        }
        catch(IOException e)
        { e.printStackTrace();
        }
    }
    private void sendData(String s)                  //发送数据
    {   try
        {   output.writeObject(s);
            output.flush();
        }
        catch(IOException e)
        {   display.append("\nError writing object");
        }
    }
}
//客户端程序
import java.io.*;
import java.net.*;
import java.awt.*;
import java.awt.event.*;
import javax.swing.*;
public class Client extends JFrame
{ JLabel label;
    JTextField enter;
    JTextArea display;
```

```
String[] str={"知道了！","什么事？","你在哪儿？","我等你","生日快乐",
    "祝你万事如意！","希望你学习进步"};
JComboBox combo;
ObjectOutputStream output;
ObjectInputStream input;
String message="";
public Client()
{   super("Client");
    Container c=getContentPane();
    JPanel panel=new JPanel();
    label=new JLabel("交谈(结束输入'END')");
    enter=new JTextField(18);
    enter.setEnabled(false);
    enter.addActionListener(
    new ActionListener()
    {   public void actionPerformed(ActionEvent e)
        {   sendData(e.getActionCommand());
            enter.setText("");
        }
    });
    panel.add(label,BorderLayout.EAST);
    panel.add(enter,BorderLayout.WEST);
    c.add(panel,BorderLayout.NORTH );
    display=new JTextArea();
    c.add(new JScrollPane(display),BorderLayout.CENTER);
    combo=new JComboBox(str);
    combo.setToolTipText("常用语");
    combo.setMaximumRowCount(3);
    combo.addItemListener(
    new ItemListener()
    {   public void itemStateChanged(ItemEvent e)
        {   enter.setText(str[combo.getSelectedIndex()]);
            combo.setFocusable(false);
        }
    });
    c.add(combo,BorderLayout.SOUTH);
    setSize(350,230);
    show();
}
public void runClient()                     //建立与服务器端的数据传递
{   Socket client;                          //Socket 对象
    try
    {   display.setText("Attempting connection\n");
        client=new Socket(InetAddress.getByName("127.0.0.1"),5000);
                                            //建立与服务器5000端口的连接
        display.append("Connected  to:"+client.getInetAddress().getHost-
Name());
        output=new ObjectOutputStream(client.getOutputStream());
```

```
                                                              //输出流
        input=new ObjectInputStream(client.getInputStream());
                                                              //输入流
        enter.setEnabled(true);
        do
        {   try
            {   message=(String)input.readObject();
                display.append("\n"+message);
                display.setCaretPosition(display.getText().length());
            }
            catch(ClassNotFoundException cnfex)
            {   display.append("\nUnknown object type received");
            }
        }
        while(!(message.equals("END")));
        display.append("Closing connection.\n");
        output.close();
        input.close();
        client.close();
    }
    catch(EOFException eof)
    {   System.out.println("Server terminated connection");
    }
    catch(IOException e)
    {   e.printStackTrace();
    }
}
private void sendData(String s)
{   try
    {   message=s;
        output.writeObject(s);
        output.flush();                                       //发送数据
    }
    catch(IOException e)
    {   display.append("\nError writing object");
    }
}
public static void main(String args[])
{   Client app=new Client();
    app.addWindowListener(new WindowAdapter()
    {   public void windowClosing(WindowEvent e)
        {   System.exit(0); }
    });
    app.runClient();
}
}
```

【运行结果】运行结果如图 19-2 所示。

（a）监听程序号

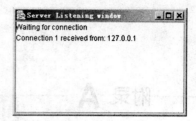

（b）服务器端运行线程

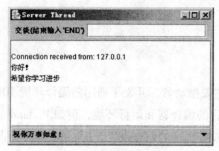

（c）客户端程序

图 19-2 综合实例二运行结果

附录 **A** — JBuilder 9 开发环境简介

1．JBuilder 简介

Sun 公司是 Java 语言的主要推动者，开发了通用的编译环境 JDK（Java Development Kit）。其他公司也开发了不少 Java 语言的编译器和运行环境，例如 Borland 公司的 JBuilder 和 IBM 公司的 Visual age for Java 等。根据权威机构的调查报告，JBuilder 的市场占有率在 Java 开发工具中一度名列榜首。

JBuilder 是由 Borland 公司开发的一个集编辑、开发为一体的可视化集成开发环境。与其他开发软件相比，JBuilder 是一个功能强大、容易使用、程序开发速度很快的 Java 开发工具。使用 JBuilder 可以方便地开发出纯 Java 应用程序、Applet、JavaBeans 以及基于 Java EE 的分布式企业应用系统。JBuilder 能够在 Bea WebLogic、IBM WebSphere 及 Borland AppServer 等多重平台上进行部署，并具有 EJB 与远端侦错支持功能。JBuilder 将 Java 语言的强大功能与带有用户图形接口的快速程序开发环境很好地结合在一起，充分满足程序员的开发要求。JBuilder 各版本的用法基本相同，本附录以 JBuilder 9 为例介绍 JBuilder 的使用方法。

2．JBuilder 9 安装和开发环境

1）安装 JBuilder 9

将 JBuilder 9 安装光盘放入 CD-ROM 中，系统将自动执行安装程序。如果安装程序没有自动执行，进入安装程序所在目录，双击 install_windows.exe 文件启动 JBuilder 9 的安装程序。在安装程序向导的引导下，根据安装界面提示选择所需的安装组件。

2）JBuilder 9 开发环境

单击"开始"按钮，选择"所有程序"→Borland JBuilder 9 Enterprise 命令，启动 JBuilder 9，进入 JBuilder 9 的主窗口，如图 A-1 所示。主窗口包括菜单、工具栏、工程窗口、文件窗口、内容窗口、结构窗口和消息窗口。

（1）菜单。JBuilder 9 主菜单如图 A-2 所示，共有 11 个菜单项，每个菜单项对应一个子菜单，其中包括若干个子菜单项。这些菜单项几乎包括了 JBuilder 9 的所有功能。

① 文件菜单：单击 File 菜单就会弹出文件菜单，这个菜单包括一些对文件操作的子菜单项，如新建一个工程、新建一个文件、新建一个类、打开工程文件、关闭工程文件等。

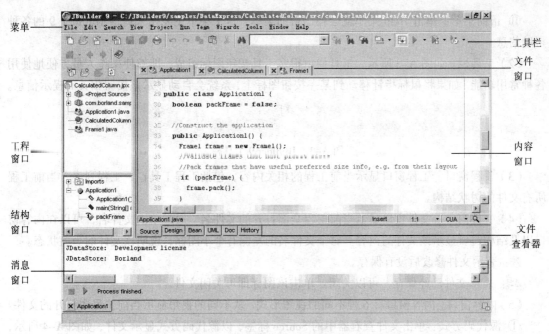

图 A-1　JBuilder9 开发环境

图 A-2　Jbuilder 9 菜单

② 编辑菜单：单击 Edit 菜单就会弹出编辑菜单，这个菜单除了一些编辑操作外，还有导入变量、方法快速查询、变量快速查询、错误快速查询、添加组件等功能。

③ 查询菜单：单击 Search 菜单就会弹出查询菜单，这个菜单主要完成文件中的查询、定位和替换，对类的查询等。

④ 视图菜单：单击 View 菜单就会弹出视图菜单，这个菜单是用来显示或者隐藏工具栏或菜单的某个部分。

⑤ 工程菜单：单击 Project 菜单就会弹出工程菜单，这个菜单主要是用来编译某个文件或者整个工程的所有文件，以及对其他工程的操作。

⑥ 运行菜单：单击 Run 菜单就会弹出运行菜单，这个菜单主要用来运行或调试程序，主要包括运行工程、调试工程、单步运行、运行程序到光标所在位置、添加一个监视表达式、添加一个断点、查看所有断点等。

⑦ 团队菜单：单击 Team 菜单就会弹出团队菜单，这个菜单主要用来管理项目的团队开发，整合了一些版本控制工具，目的是使团队项目开发协调有序的开展。

⑧ 向导菜单：单击 Wizards 菜单就会弹出向导菜单，这个菜单主要用来调用各种向导工具，帮助开发人员方便快捷地完成各种操作。

⑨ 工具菜单：单击 Tools 菜单就会弹出工具菜单，这个菜单主要用来配置 JBuilder 9 的开发环境和各项功能。

⑩ 窗口菜单：单击 Window 菜单就会弹出窗口菜单，这个菜单主要用来打开或关闭各种窗口。

⑪ 帮助菜单：单击 Help 菜单就会弹出帮助菜单，这个菜单主要用来提供 JBuilder 9 的各种帮助信息。

（2）工具栏。如图 A-3 所示，工具栏由很多工具按钮图标组成，能够使操作人员方便地使用各种常用功能。如果将鼠标指针移动到某一按钮图标上，系统会自动显示该按钮相关的提示信息。

图 A-3　JBuilder 9 工具栏

（3）工程窗口。工程窗口显示当前工程的相关内容，包括工程工具栏、工程列表、当前工程所有文件的树状结构。

（4）文件窗口。文件窗口显示当前工程全部打开的文件名。通过单击文件名，可以在内容窗口以及结构窗口显示该文件的内容。每个文件名的左侧有个小图标，说明该文件的当前状态。

：表示文件修改后没有保存。

：表示文件已经保存，可以关闭。单击该图标即可关闭文件。

（5）内容窗口。内容窗口有 6 种不同的视图形式，从不同的视角显示当前工程中打开的文件。

① 源代码方式：单击文件查看器中的 Source 标签，以源代码方式显示文件，如图 A-4 所示，可在这里编辑程序代码。

图 A-4　源代码方式

② 设计方式：单击文件查看器中的 Design 标签，以设计方式打开文件，如图 A-5 所示，大部分可视化界面的设计在这里进行。

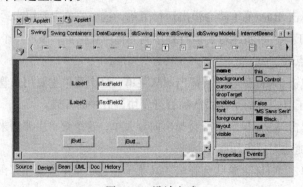

图 A-5　设计方式

③ Bean 方式：单击文件查看器中的 Bean 标签，以 Bean 方式打开文件，如图 A-6 所示。Bean

方式按照 Java 组件的表示规则显示当前类的各种信息，共有 5 种显示方式：一般显示方式（General）、属性方式（Properties）、Bean 信息（BeanInfo）、事件（Events）和属性编辑（Property Editors）。

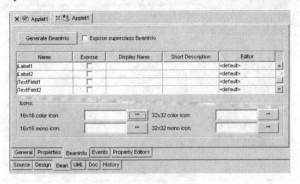

图 A-6　Bean 方式

④ UML 方式：单击文件查看器中的 UML 标签，以 UML 方式打开文件，如图 A-7 所示。UML 方式显示当前类的类图，表示当前这个类与其他相关类的关系。

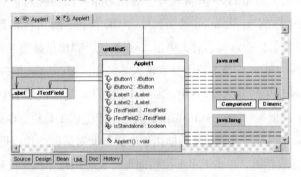

图 A-7　UML 方式

⑤ 文档方式：单击文件查看器中的 Doc 标签，以文档方式打开文件。这种方式显示以.doc 格式生成的类信息。

⑥ 历史方式：单击文件查看器中的 History 标签，以历史方式打开文件。这种方式记录了文件各个版本的原始信息。

（6）消息窗口。消息窗口在内容窗口的下方，是一个输出窗口。启动 JBuilder 时，该窗口不会自动打开，只有在显示消息时才打开。

消息窗口除了作为输出界面外，还有一个重要作用就是用于调试程序的调试器。

3．用 JBuilder 9 开发 Java 程序

1）创建工程文件

在 JBuilder 中，程序的所有相关文件都组织在一个工程中，用户只需编译和运行工程文件就可以对工程中的所有文件进行编译和运行。

选择 File→New Project 命令，弹出 Project Wizard 对话框，在 Name 文本框中输入工程名。例如，在 Name 文本框中输入 TextArea，如图 A-8 所示。然后单击 Next 按钮，弹出指定文件存放路径的对话框，让用户指定文件存放路径。指定文件存放路径后，单击 Next 按钮，弹出填写工程基本信息的对话框。填写工程基本信息后单击 Finish 按钮，即可完成工程文件的创建。

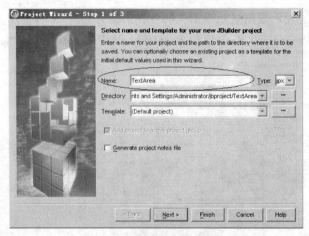

图 A-8　创建工程文件向导

2）创建应用程序框架

要创建应用程序框架，选择 File→New 命令，弹出 Object Gallery 对话框中，如图 A-9 所示。

选择 General 选项卡中的 Application 选项，单击 OK 按钮，弹出包和类信息的指定窗口对话框，包名的默认值是工程名，指定包名后，单击 Next 按钮，弹出框架类名和标题的指定对话框，如图 A-10 所示。在 Class 和 Title 文本框中分别输入类名和标题，如输入 Frame1 和 Frame Title，还可以选择 Options 选项组中的复选框。其中，General menu bar 复选框用于生成菜单、General frame on screen 复选框用于生成框架、General toolbar 复选框用于生成工具栏、General status bar 复选框用于生成状态栏、General About dialog 复选框用于生成帮助对话框。指定框架类名和标题后，单击 Next 按钮进入最后完成界面，单击 Finish 按钮即可完成应用程序框架的建立。

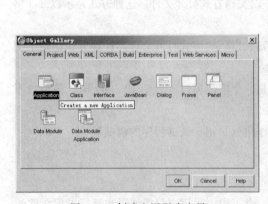

图 A-9　创建应用程序向导

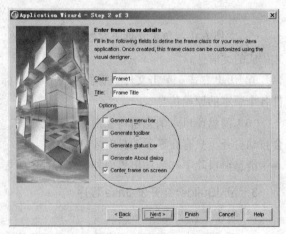

图 A-10　框架类名设置

3）添加组件和代码

（1）修改布局管理器。窗口框架继承 JFrame 类，其默认布局采用 BorderLayout，如图 A-11 所示。

要修改框架布局，单击文件查看器中的 Design 标签，在左侧的结构窗口中选择容器，如选择

contentPane，对该容器的 layout 属性进行修改，如图 A-12 所示。

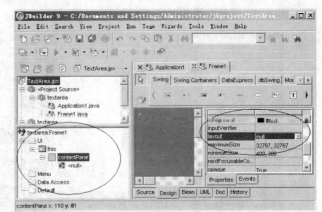

图 A-11　代码窗口　　　　　　　　　　图 A-12　修改布局管理器

（2）添加组件。选择设计窗口上方的 Swing Containers 选项卡，如图 A-13 所示。单击要添加的组件图标，再单击容器中的任意处，即可将该组件对象添加到容器中。

图 A-14 所示为添加两个 JScrollPane 容器 jScrollPane1 和 jScrollPane2 后的窗口。

添加到容器中的组件对象，其大小可以通过鼠标拖动来改变。例如，添加 JButton 按钮后，用鼠标拖动该按钮即可调整其大小，如图 A-15 所示。

在属性框中可修改组件对象的属性。如要将按钮标题更改为"复制"，只需将其 text 属性值改为"复制"即可，如图 A-16 所示。

图 A-13　添加组件

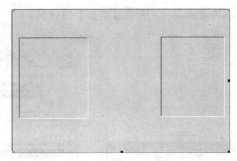

图 A-14　添加两个 JScrollPane 容器

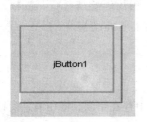

图 A-15　调整按钮大小

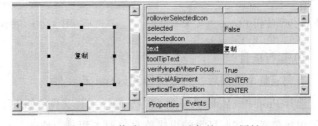

图 A-16　修改 JButton 对象的 text 属性

再例如，给图 A-14 中的两个 JScrollPane 容器中各添加一个 JTextArea 对象，其对象名默认为

jTextArea1 和 jTextArea2，如图 A-17 所示。要将其对象名更改为 t1 和 t2，只需修改其 name 属性值。图 A-18 所示为修改对象名后的两个 JTextArea 对象 t1 和 t2 在结构窗口中的显示结果。

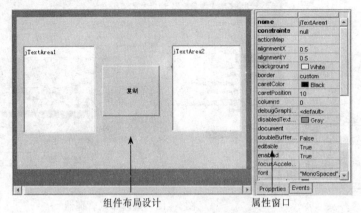

图 A-17　框架中的组件布局和组件属性窗口　　　　图 A-18　结构窗口中的组件

（3）处理事件。单击按钮时，将触发 ActionEvent 事件，执行对应的 actionPerformed() 方法。要处理按钮的 ActionEvent 事件，双击按钮，或者双击按钮 Events 标签中的 actionPerformed 选项，如图 A-19，系统将自动创建 ActionEvent 事件的处理方法 actionPerformed()（仅有方法头，方法体为空），并在内容窗口显示该方法的代码，如图 A-20 示，在内容窗口中添加 actionPerformed() 方法的程序代码。

本例中希望单击按钮时，将左侧文本区中选定的内容复制到右侧文本区中，所以在按钮的 actionPerformed() 方法中添加如下的代码：

```
t2.setText(t1.getSelectedText());
```

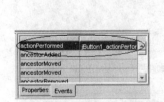

图 A-19　按钮 Events 选项卡　　　　　　图 A-20　按钮 actionPerformed() 方法

4）运行项目

当完成整个工程后，可以编译和运行工程文件。

选择 Project→Make Project 命令，编译工程文件。如果工程文件中存在错误，将在消息窗口中显示出错信息。按照显示的出错信息，对工程进行修改。反复进行，直到编译通过。

选择 Run→Run Project 命令，如图 A-21 所示，或按【F9】键，或者单击工具栏中的 ▶ 按钮，将运行工程文件，即运行对应的程序。

图 A-22 为本例中程序运行后的窗口。在左边文本区中输入并选定文本，单击中间的"复制"按钮，即可将所选定的文本复制到右边的文本区中。

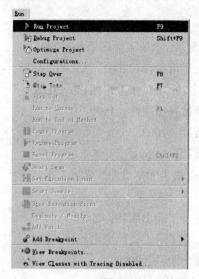

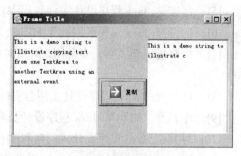

图 A-21　JBuilder 9 中的 Run 菜单　　　　　　　　　图 A-22　程序运行窗口

参 考 文 献

[1] HORTON I. Java 2 编程指南[M]. 马树奇，等，译. 北京：电子工业出版社，2001.

[2] 徐迎晓. Java 语法及网络应用设计[M]. 北京：清华大学出版社，2002.

[3] KALIN M. 面向对象程序设计：Java 语言描述[M]. 北京：机械工业出版社，2002.

[4] 印旻. Java 与面向对象程序设计教程[M]. 北京：高等教育出版社，1999.

[5] 汪志达. Java 程序设计实训教程[M]. 北京：科学出版社，2003.

[6] 向传杰. Java 编程案例教程[M]. 北京：电子工业出版社，2004.

[7] 周晓聪，李文军，李师闲. 面向对象程序设计与 Java 语言[M]. 北京：机械工业出版社，2004.

[8] 叶核亚. Java 2 程序设计实用教程[M]. 2 版. 北京：电子工业出版社，2007.

[9] 朱福喜，唐晓军. Java 程序设计技巧与开发实例[M]. 北京：人民邮电出版社，2004.

[10] 林邦杰. Java 程序设计入门教程[M]. 北京：中国青年出版社，2001.

[11] WANG P S. Java 面向对象程序设计[M]. 北京：清华大学出版社，2003.

[12] 耿祥义，张跃平. Java 2 实用教程[M]. 2 版. 北京：清华大学出版社，2006.

[13] 洪维恩，何嘉. Java 面向对象程序设计[M]. 北京：中国铁道出版社，2005.